Faria Samrin Khan
Swetha B. S.
Dilip Zate

"Manejo ecológico das principais pragas de insetos do milho"

Faria Samrin Khan
Swetha B. S.
Dilip Zate

"Manejo ecológico das principais pragas de insetos do milho"

-Um estudo de caso

ScienciaScripts

Imprint

Any brand names and product names mentioned in this book are subject to trademark, brand or patent protection and are trademarks or registered trademarks of their respective holders. The use of brand names, product names, common names, trade names, product descriptions etc. even without a particular marking in this work is in no way to be construed to mean that such names may be regarded as unrestricted in respect of trademark and brand protection legislation and could thus be used by anyone.

Cover image: www.ingimage.com

This book is a translation from the original published under ISBN 978-620-7-84452-4.

Publisher:
Sciencia Scripts
is a trademark of
Dodo Books Indian Ocean Ltd. and OmniScriptum S.R.L publishing group

120 High Road, East Finchley, London, N2 9ED, United Kingdom
Str. Armeneasca 28/1, office 1, Chisinau MD-2012, Republic of Moldova, Europe
Printed at: see last page
ISBN: 978-620-7-93844-5

GESTÃO ECOLÓGICA DOS PRINCIPAIS INSECTOS PRAGAS DO MILHO"

-UM ESTUDO DE CASO

BY

**Dr. Faria Samrin Khan Miss. Swetha B S
Dr. Dilip Zate**

Índice

ABREVIATURAS.. 3

RESUMO.. 5

CAPÍTULO 1: INTRODUÇÃO 7

CAPÍTULO 2: REVISÃO DA LITERATURA................................ 11

CAPÍTULO 3: MATERIAIS E MÉTODOS 27

CAPÍTULO 4: RESULTADOS E DISCUSSÃO 36

CAPÍTULO 5: RESUMO E CONCLUSÕES 87

LITERATURA CITADA 90

APÊNDICE 100

ABREVIATURAS

%	:	Per Cent
@	:	At The Rate Of
/	:	Per
>	:	More than
°C	:	Degree Celsius
BSH	:	Bright Sunshine Hours
CD	:	Critical Difference
Cfu	:	Colony Forming Unit
Cm	:	Centimeter(s)
DAS	:	Days After Spraying
et al.	:	Et Alia (And others)
ETL	:	Economic Threshold Level
FAW	:	Fall Armyworm
Fig.	:	Figure
FS	:	Flowable Concentrates for Seed Treatment
G	:	Granules
g	:	Gram(s)
Ha	:	Hectare
hrs.	:	Hours
i.e.	:	That is
IPM	:	Integrated Pest Management
Kg	:	Kilogram
Km	:	Kilometer
Kmph	:	Kilometer per hour
L	:	Liter(s)
LT_{50}	:	Median Lethal Time
m	:	Meter(s)
Max.	:	Maximum
Min.	:	Minimum

mg	:	Mili gram(s)
ml	:	Mili liter(s)
mm	:	Mili meter(s)
No.	:	Number
NS	:	Non Significant
NSE	:	Neem Seed Extract
ppm	:	Parts Per Million
Q	:	Qunital(s)
r	:	Correlation Coefficient
RF	:	Rainfall
RH	:	Relative Humidity
SC	:	Suspension Concentrate
SE	:	Standard Error
SMW	:	Standard Meteorological Week
t	:	Tonne(s)
WP	:	Wettable Powder
WV	:	Wind Velocity

RESUMO

"Gestão ecológica das principais pragas de insectos do milho"

O milho é uma importante cultura de campo utilizada como alimento básico e como forragem, mas a sua qualidade nutricional e a sua produção estão ameaçadas pelos principais insectos pragas como a lagarta do cartucho, *Spodoptera frugiperda*. Foi realizado um estudo experimental "Gestão ecológica das principais pragas de insectos do milho" no Departamento de Entomologia Agrícola, VNMKV, Parbhani, durante o *Rabi* 2021-22. Os resultados da incidência sazonal mostraram que a população de lagarta-do-cartucho de outono variou entre 0-13,5 larvas por dez plantas e a primeira aparição foi notada em 1st SMW (1,5 larvas/10 plantas). Depois disso, aumentou progressivamente e atingiu o seu pico em 11th SMW (13,5 larvas/10 plantas). A população de pragas sugadoras no milho era insignificante. O primeiro aparecimento de inimigos naturais, escaravelhos coccinelídeos, foi observado em 1st SMW (0,13 larvas e adultos/planta), tendo atingido o seu pico (0,45 larvas e adultos/planta) em 11th SMW. O estudo de correlação dos parâmetros meteorológicos com a lagarta-do-cartucho e o inimigo natural, o escaravelho coccinelídeo, mostrou uma correlação negativa significativa com a humidade relativa nocturna. A biologia da lagarta-do-cartucho, *Spodoptera frugiperda*, foi estudada em condições laboratoriais, o que revelou que a média do período de incubação foi de 2,5 ± 0,50 dias, a média do período larvar total foi de 15.53 ± 0,81 dias e a duração média das larvas de primeiro, segundo, terceiro, quarto, quinto e sexto instares foi de 2,47 + 0,50, 2,3 + 0,46, 2,2 + 0,40, 2,10 ± 0,30, 2,43 ± 0,50 e 4,03 ± 0,66 dias, respetivamente. A média dos períodos de desenvolvimento pupal, adulto e total da lagarta-do-cartucho de outono foi de 8,07 ± 1,12, 10,30 ± 2,04 e 36,40 ± 2,27 dias, respetivamente. A longevidade média das fêmeas e dos machos adultos foi de 11,05 ± 1,36 e 8,90 ± 1,30 dias, respetivamente. A duração média dos períodos de pré-oviposição, oviposição e pós-oviposição foi de 3,65 ± 0,79, 5,10 ± 0,77 e 3,05 ± 0,74 dias, respetivamente. A fecundidade média da traça fêmea foi de 1098 ± 175,73 ovos por fêmea. A eficácia dos biopesticidas foi estudada usando um esquema de parcelas divididas com três tratamentos principais - tratamento de sementes com ciantraniliprole + tiametoxam @ 6ml/kg de sementes, aplicação granular com carbofurano 3G @ 33kg/ha e sem tratamento e cinco subtratamentos - azadiractina 3000ppm, *Beauveria bassiana*

$1*10^9$ cfu/g, *Metarhizium anisopliae* $1*10^9$ cfu/g, *Beauveria bassiana* + *Metarhizium anisopliae* e sem tratamento contra o principal inseto praga do milho i.e., lagarta do cartucho *Spodopterafrugipeda*. Os resultados da população de larvas (número de larvas por dez plantas), por cento de danos nas plantas e por cento de danos nas espigas causados pela lagarta-do-cartucho no final de três pulverizações mostraram que, no tratamento principal, a aplicação granular com carbofurano (2,03, 18,72 e 24,55, respetivamente) registou o mínimo de danos causados por *S. frugiperda* e no tratamento principal, sem tratamento (3,23, 32,17 e 35,66, respetivamente) registou o máximo de danos causados pela lagarta-do-cartucho. Da mesma forma, o subtratamento *Metarhizium anisopliae* (1,51, 15,26 e 24,08, respetivamente) apresentou o melhor resultado com o mínimo de danos causados *por S. frugiperda,* que foi igual ao subtratamento *Beauveria bassiana* (1,64, 16,17 e 25,43, respetivamente). Os danos máximos nas plantas pela lagarta do cartucho foram registados no tratamento não tratado (5,98, 54,59 e 43,05, respetivamente). O rendimento de grãos do milho apresentou resultados significativamente superiores aos do controlo. Os tratamentos principais, aplicação granular com carbofurano (2347,33 kg/ha) registou o maior rendimento de grãos e sem tratamento (1724,07 kg/ha) registou o menor rendimento de grãos. Nos subtratamentos, o *Metarhizium anisopliae* (2316,89 kg/ha) registou o rendimento de grãos mais elevado, a par do *Beauveria bassiana* (2210,78 kg/ha) e o rendimento de grãos mais baixo (1496,67 kg/ha) foi registado sem tratamento. Os biopesticidas podem ser a melhor opção alternativa aos pesticidas químicos e utilizados para gerir as principais pragas de insectos do milho, uma vez que o milho é consumido como forragem, a aplicação de biopesticidas evita o efeito de toxicidade residual e é considerada ecológica.

Palavras-chave: Incidência sazonal, biologia, lagarta do cartucho, gestão ecológica, *Metarhizium anisopliae*, *Beauveria bassiana*.

CAPÍTULO 1: INTRODUÇÃO

O milho, *Zea mays* Linn. é uma cultura cerealífera da família Poaceae, conhecida como "rainha dos cereais" devido ao seu elevado potencial genético de rendimento. É originário do México Central e é atualmente uma das culturas mais extensivamente distribuídas no mundo. O milho é uma cultura versátil, que lhe permite crescer numa vasta gama de zonas agro-ecológicas. É cultivado em climas tropicais, subtropicais e temperados, a altitudes que vão dos 0 aos 4000 metros acima do nível do mar. É cultivada em mais de 160 países em todo o mundo, sendo os EUA, a China, o Brasil, o México, a França e a Índia os principais produtores. Na Índia, é cultivada numa variedade de habitats em todo o país. Os principais produtores são Karnataka, Andhra Pradesh, Maharashtra, Bihar, Punjab e Haryana.

Durante o ano de 2020-21, o milho foi cultivado globalmente em 201,98 milhões de hectares de terra, que produziram cerca de 1162,35 milhões de toneladas de milho com uma produtividade de 5,75 toneladas por hectare (Anonymous, 2020). Na Índia, o milho foi cultivado em 9,86 milhões de hectares, que produziram 31,51 milhões de toneladas com uma produtividade de 3195 kg/hectare. Em Maharashtra, o milho foi cultivado em 0,87 milhões de hectares de terra, que produziram 1,1 milhões de toneladas de milho com uma produtividade de 3000 kg/hectare (Anónimo, 2021).

Todas as partes da planta do milho têm valor económico. É utilizado para consumo humano, alimentação animal, na indústria do amido, na produção de óleo de milho e como milho para bebé. O grão de milho contém 70% de hidratos de carbono, 10% de proteínas, 5 a 7% de gordura, 4% de óleo, 3 a 5% de fibras e 12% de minerais. A proteína do milho "Zein" é deficiente em dois aminoácidos essenciais, o triptofano e a lisina. Tem quantidades significativas de vitamina A, ácido nicotínico, riboflavina e vitamina E. O milho tem um baixo teor de cálcio e um teor bastante elevado de fósforo. Por conseguinte, atrai mais pragas de insectos.

O milho é uma cultura de grande importância económica, cuja produção e procura aumentam continuamente a um ritmo mais elevado. Foram registadas cerca de 250 espécies de insectos e ácaros que danificam esta cultura, das quais apenas algumas são de importância económica e ameaçam reduzir o produto desta cultura. É atacada por uma série de insectos pragas em vários estádios de desenvolvimento, desde a sementeira até à maturidade, causando danos em todas as partes da planta. *A* principal praga, a lagarta-do-cartucho *Spodopterafrugiperda,* sendo uma nova praga de insectos destrutiva recentemente comunicada na Índia durante o ano de 2018, adquiriu agora uma grande importância como praga, causando danos à cultura em todas as fases de crescimento e as perdas de rendimento variam até 73% (Kumar *et al.,* 2018). Outras pragas de insectos importantes registadas são a broca do caule do milho *Chilopartellus, que* causa danos à cultura nas fases de plântula, vegetativa e de floração, resultando em perdas de rendimento de cerca de 27 a 29% (Sharma *et al., 2010). A* lagarta-do-cartucho *Mythimna seperata* danifica a cultura nas fases vegetativa e de floração, registando-se uma perda de produção de até 75 por cento (Songa *et al.,* 2002). A lagarta da espiga *Helicoverpa armigera, que* causa danos na fase de silagem e se alimenta de milho, a perda de rendimento anual causada por esta praga varia entre 5-7% no campo e 10-15% no milho para consumo humano (Bell e McGeoch, 1996). *A* mosca do rebento, *Atherigona soccata,* causa danos de uma a quatro semanas após a emergência das plântulas e provoca perdas de rendimento de grãos de cerca ˙de 21% (Panwar, 2005). O pulgão do milho, *Rhopalosiphum maidis,* causa danos nas fases vegetativa e de floração, e as perdas de rendimento do grão causadas por esta praga variam entre 24 e 29%.

A lagarta-do-cartucho de outono, *Spodoptera frugiperda*, nativa das regiões tropicais e subtropicais da América, é uma das pragas transfronteiriças polifágicas invasivas. Tem uma vasta gama de hospedeiros, como milho, sorgo, arroz, cana-de-açúcar, algodão, alfafa, gramíneas forrageiras e, ocasionalmente, outras culturas (Bhavani *et al.,* 2019). No subcontinente indiano, a lagarta-do-cartucho de outono foi relatada pela primeira vez em 2018 em campos de milho na Faculdade de Agricultura, Shivamogga, Karnataka (Sharanabasappa *et al.,* 2018). Posteriormente, foi também registada em diferentes partes do país (Ganiger *et al.,* 2018). Para controlar esta praga polifágica invasora, conhecer a biologia da lagarta do cartucho desempenha um papel importante. Compreender o crescimento, a sobrevivência, a reprodução e o ciclo de vida ajuda a reduzir a atividade da praga, tomando medidas de controlo adequadas no momento certo.

É essencial estudar a dinâmica populacional para conhecer o estado de uma nova praga destrutiva emergente, como a lagarta do cartucho, numa determinada região. A dinâmica populacional das pragas de insectos é influenciada principalmente por factores abióticos e bióticos. Os factores abióticos são factores não vivos de um ambiente, como a temperatura (temperaturas máxima e mínima), a humidade relativa matinal e vespertina, a precipitação, a velocidade do vento, a evaporação e as horas de sol brilhante, que têm um impacto no crescimento e desenvolvimento da população de insectos pragas, afectando a taxa de reprodução, o hábito alimentar, os danos causados às culturas, a taxa de mortalidade e a migração. Os factores bióticos são a componente viva que afecta outro organismo. Os inimigos naturais (predadores e parasitóides) e os microrganismos são os factores bióticos importantes que afectam a população de insectos-praga. Os coccinelídeos, os insectos predadores e as tesourinhas são alguns dos inimigos naturais da lagarta-do-cartucho de queda registados na região de Marathwada (Warkad *et al.,* 2021), outros inimigos naturais registados contra a lagarta-do-cartucho de queda são *Campoletis chloridae* (Hymenoptera: Ichneumonidae) e *Exorista xanthaspis* (Diptera: Tachinidae) (Darshan e Prasanna, 2022). Alguns dos microrganismos eficazes contra a lagarta do cartucho na região de Marathwada são *Nomuraea rileyi, Metarhizium anisopliae* e *Beauveria bassiana* (Shinde *et al.,* 2021).

A cultura do milho é utilizada tanto para consumo humano como para fins forrageiros. Os insecticidas químicos utilizados para controlar as pragas de insectos têm efeitos adversos, como a resistência aos insecticidas, os efeitos nos inimigos naturais, o efeito da toxicidade residual e os riscos ambientais. Além disso, os resíduos químicos deixados na planta após a utilização de insecticidas prejudicam a saúde dos animais quando estes são alimentados como forragem. Assim, para ultrapassar todos estes problemas, é necessário utilizar biopesticidas, que se revelam uma alternativa mais segura e melhor do que os insecticidas químicos, uma vez que são amigos do ambiente e podem ser facilmente integrados noutras tácticas de gestão de pragas.

Os biopesticidas mais utilizados são os organismos vivos e os pesticidas à base de plantas, que são tóxicos para a praga em causa. Os pesticidas microbianos contêm microrganismos como ingrediente ativo, que são específicos para a praga visada. Entre estes, os fungos entomopatogénicos, como *Metarhizium anisopliae* e *Beauveria bassiana,* desempenham um papel importante na diminuição da carga de pragas, proporcionando um mecanismo de defesa do hospedeiro contra uma variedade de pragas de insectos das culturas. *M. anisopliae* e *B. bassiana* são biopesticidas promissores que são amplamente utilizados em diferentes culturas e foram identificados como endófitos no milho. Por conseguinte, podem ser utilizados para a gestão de pragas no milho. A aplicação de

Metarhizium e *Beauveria* em condições húmidas ajuda-os a colonizar rapidamente o ambiente, pelo que a duração da colheita *da kharif* é considerada a condição mais adequada para o crescimento dos microrganismos. Estes microrganismos crescem, multiplicam-se e residem no campo, os resíduos presentes no campo ajudam a controlar a população de pragas na estação *Rabi* seguinte. O pesticida botânico é qualquer produto químico ou desinfetante derivado de plantas. Os produtos botânicos, como a azadiractina e a NSE, demonstraram uma maior eficácia na prevenção do crescimento de insectos, uma vez que constituem uma fonte valiosa de compostos químicos activos. A utilização destes biopesticidas é geralmente menos prejudicial para o ambiente e tem efeitos residuais mais reduzidos, resultando num menor desenvolvimento de resistência contra as pragas. Por conseguinte, é necessária uma gestão ecológica das pragas de insectos, uma vez que é mais segura para o ambiente.

Assim, mantendo todos os pontos em vista, como a influência dos factores abióticos e bióticos nas pragas, os efeitos residuais e as práticas de gestão ecológicas, a investigação atual está planeada para "Gestão ecológica das principais pragas de insectos do milho" com os seguintes objectivos

1. Incidência sazonal e correlação climática dos principais insectos pragas e inimigos naturais do milho.
2. Biologia da lagarta do cartucho, *Spodoptera frugiperda*, no milho.
3. Gestão ecológica das principais pragas de insectos do milho.

CAPÍTULO 2: REVISÃO DA LITERATURA

A literatura disponível relativa ao presente inquérito é analisada sob os seguintes títulos.

2.1 Incidência sazonal e correlação climática dos principais insectos pragas e inimigos naturais do milho.

2.2 Biologia da lagarta do cartucho, *Spodoptera frugiperda*, no milho.

2.3 Gestão ecológica das principais pragas de insectos do milho.

2.1 Incidência sazonal e correlação climática dos principais insectos pragas e inimigos naturais do milho

Sharma *et al.* (2002) estudaram a dinâmica populacional e os factores de mortalidade natural da lagarta do exército oriental, *Mythimna separata*, no centro-sul da Índia. A maioria dos adultos foi capturada em armadilhas luminosas e a sua população atingiu o pico em setembro. As traças capturadas nas armadilhas luminosas estavam positivamente correlacionadas com a precipitação, a humidade relativa máxima e mínima. Enquanto a temperatura máxima, a evaporação em recipiente aberto, a radiação solar, as horas de sol e a velocidade do vento apresentaram uma correlação negativa com a abundância de traças.

Nagoshi e Meagher (2004) capturaram os machos da lagarta-do-cartucho-do-milho em armadilhas com feromonas durante um período de 16 a 24 meses, a fim de estudar a distribuição sazonal das estirpes hospedeiras da lagarta-do-cartucho-do-milho em habitats agrícolas e de relva no sul da Flórida. As armadilhas colocadas em regiões agrícolas revelaram que as populações atingiram o pico na primavera (março-maio) e no outono (outubro-dezembro), com um declínio significativo dos números durante o verão (julho-outubro) e uma redução menor a meio do inverno (janeiro). Variações significativas na distribuição da estirpe hospedeira nestas alturas podem ter sido causadas por padrões populacionais sazonais e específicos da estirpe. Embora o milho doce tenha estado presente durante todo este período, apenas a estirpe de arroz apresentou inesperadamente um aumento das taxas de captura durante o outono. Ambas as estirpes registaram um número significativo de capturas durante o pico da primavera.

Dhar *et al.* (2019) estudaram a ocorrência da lagarta do cartucho, *S. frugiperda*, tanto no milho Rabi como no milho de verão. Foram observados mais danos no milho de verão do que no milho *Rabi*, com uma infestação máxima de 27,56%.

Menna *et al.* (2019) examinaram a ocorrência sazonal da lagarta-do-cartucho no milho durante a estação das monções em Udaipur. A infestação variou de 193,35 a 20+5,59 plantas/100 m^2 . Em vez de se agregarem, as larvas tinham um padrão uniforme ou quase aleatório de distribuição espacial.

Painkra *et al.* (2019) realizaram um inquérito de campo sobre a lagarta do cartucho para determinar a presença e a infestação pela lagarta na cultura do milho na zona norte de Chhattisgarh. A lagarta foi observada a alimentar-se na porção média (verticilo da folha) da cultura do milho entre as fases de 4-6 folhas com taxas de infestação de 25-30 e 30-35 por cento na fase de joelho alto e 65-70 por cento na fase de borla, respetivamente.

Babu *et al.* (2019) investigaram a dinâmica populacional da lagarta-do-cartucho em milho e milho doce no sul do Rajastão. A infestação larvar mais elevada foi registada durante a fase vegetativa da cultura, ou fase da altura do joelho, e continua até à fase de desenvolvimento da espiga. Em vários híbridos e linhas consanguíneas de milho e milho doce, a percentagem de danos variou entre 10 e 40%.

Anandhi *et al.* (2020) estudaram a correlação da lagarta do cartucho *S. frugiperda* com os parâmetros meteorológicos no ecossistema do milho. Seis locais onde o milho é cultivado foram inspeccionados aleatoriamente, tendo sido encontrada uma correlação entre a população de larvas e os parâmetros meteorológicos. A população larvar teve uma correlação positiva significativa com a temperatura máxima da mesma semana (r= 0,32 a 0,45) e da semana anterior (r=0,21 a 0,52) em todos os locais. A temperatura mínima da mesma semana e da semana anterior não teve uma correlação significativa em cada local. A precipitação da mesma semana (r=-0,36 a -0,47) e da semana anterior (-0,19 a -0,24) foram significativa e negativamente correlacionadas. Também estudou a dinâmica sazonal e a distribuição espacial da lagarta do cartucho do milho na zona do delta do Cauvery em 2020. Em comparação com *Rabi* (0,66 a 2,60 larvas/planta), a população larvar foi máxima durante *Kharif* (0,99 a 3,66 larvas/planta). As populações larvares mais elevadas foram registadas na semana média padrão de 27th (3,13 a 3,66 larvas/planta) durante a *Kharif* e na semana média padrão de 45th (2,01 a 2,60 larvas/planta) durante a *Rabi*.

Kumar *et al.* (2020) relataram a incidência sazonal da lagarta do cartucho do milho *S. frugiperda* tanto na estação *Kharif* como na *Rabi*. A segunda quinzena de outubro de 2019 apresentou a menor incidência (10%) de *S. frugiperda* e a primeira quinzena de novembro de 2019 apresentou a maior incidência (72%). No distrito de Perambalur, a população larvar apresentou uma correlação positiva significativa com as temperaturas máximas (r=0,7205) e uma correlação negativa com a humidade relativa (r=0,6739) e a precipitação (r= -0,8293), tanto na *Kharif* como na *Rabi*.

Paul e Deole (2020) registaram a ocorrência sazonal da lagarta-do-cartucho de outono que infesta as culturas de milho. Ocorreu pela primeira vez na segunda semana de setembro, durante o 37th SMW, com uma população média de 0,12 larvas/planta. A população mais elevada foi observada na quarta semana de setembro, com uma população média de 0,56 larvas/planta. A temperatura máxima (r = 0,586) mostrou uma correlação positiva significativa com a lagarta-do-cartucho de outono e parâmetros abióticos durante o *Kharif* 2018.

Reddy *et al.* (2020) realizaram uma experiência em Sabour, Bhagalpur, Bihar, sobre a incidência sazonal e estudos do ciclo de vida da lagarta-do-cartucho, *S. frugiperda*, no milho. De acordo com os estudos de incidência sazonal, a incidência da lagarta-do-cartucho atingiu um pico de infestação de 35,43% na terceira semana de agosto, quando a cultura tinha 45 dias de idade durante a *Kharif* 2019 e o pico de infestação de 26,45% foi observado aos 82 dias de idade durante a *Rabi* 2019-20 na quarta semana de fevereiro.

Suby *et al.* (2020) estudaram a propagação da lagarta-do-cartucho *(S. frugiperda)* na Índia e afirmaram que a lagarta-do-cartucho está a tornar-se rapidamente a praga mais devastadora para o milho. A sua rápida propagação a mais de 90 por cento das regiões produtoras de milho de diversas agroecologias da Índia. A lagarta-do-cartucho também foi registada noutras culturas, como o sorgo e o milheto, com diferentes graus de perdas económicas.

Sunitha *et al.* (2021) estudaram a incidência sazonal da lagarta do cartucho durante a *Kharif,* 2019. A oviposição da lagarta do cartucho começou a ser notada no 34th SMW e atingiu o pico no 40th SMW. A população de larvas da lagarta-do-cartucho começou durante o 35th SMW e subsequentemente aumentou para um pico de 1,67 larvas de plantas[-1] durante o 41st SMW. O 41st SMW testemunhou a maior infestação de plantas (60%) e a classificação de severidade de danos nas folhas (3,13). De acordo com a análise de correlação, as massas de ovos da lagarta-do-cartucho foram positivamente correlacionadas com a temperatura mínima e a velocidade do vento (r= 0,668 e r=0,529), enquanto a população larvar mostrou uma correlação positiva significativa com a temperatura máxima (r= 0,029). A infestação de plantas causada pelo crisomelídeo mostrou uma correlação negativa significativa com a temperatura máxima (r= -0,633) e uma correlação positiva com a humidade relativa da manhã e a humidade relativa da tarde (r= 0,678 e r= 0,664).

Warkad *et al.* (2021) avaliaram as flutuações sazonais da lagarta-do-cartucho e seus inimigos naturais no milho e relataram que a terceira semana de março (11th SMW) apresentou a população larval máxima (1,60 larva/planta) e plantas danificadas (82,50%). As plantas menos danificadas foram observadas durante os primeiros dias da época de cultivo e aumentaram, atingindo o pico na maturidade da cultura (50th SMW). As plantas danificadas variaram de 20 a 82,50% durante os meses de dezembro a março. A percentagem de espigas infestadas variou de 14,50 a 46,50 por cento.

Darshan e Prasanna (2022) relataram que a lagarta do cartucho é uma praga polifágica invasora. Realizaram um inquérito itinerante durante as épocas de cultivo *Kharif* e *Rabi* de 2019-20 com um intervalo de 15 dias. De acordo com os resultados, as contagens de larvas e a percentagem de infestação foram de 0,30 a 0,44 larvas/planta e de 23,10 a 33,77%, respetivamente. Também se registou a infestação por um fungo entomopatogénico, *Metarhizium rileyi*, e a parasitagem por dois parasitóides larvares, *Campoletis chlorideae* (Hymenoptera: Ichneumonidae) e *Exorista xanthaspis* (Diptera: Tachinidae).

Jaiswal *et al.* (2022) investigaram o complexo de pragas e a extensão dos danos causados pela lagarta-do-cartucho (*S. frugiperda*) durante a colheita de milho *da Kharif* 2019. A percentagem mais elevada de corações mortos (60%) foi registada durante os 38th SMW e 39th SMW. Mais tarde, durante 42nd SMW, registou-se a percentagem mais baixa de corações mortos (10%).

Sarma *et al.* (2022) relataram que a lagarta-do-cartucho de outono se espalhou para locais a 1222 acima do nível médio do mar na região nordeste da Índia. No distrito de Biswanath, Assam, foram encontrados 15,2 a 64,3% de infestação de milho nos campos dos agricultores, enquanto 2,15% foram encontrados na Escola Superior de Agricultura de Biswanath. As larvas recolhidas nos campos não tinham qualquer parasita larvar. Muitos agricultores notaram que o milho tinha uma elevada incidência de insectos.

2.2 Biologia da lagarta do cartucho, *Spodoptera frugiperda*, no milho.

Deole e Paul (2018) estudaram a biologia da lagarta-do-cartucho no milho. O ciclo de vida da lagarta-do-cartucho foi concluído em cerca de 28-35 dias. A duração das fases larvar, pré-pupal, pupal e adulta foi de 14-16, 1-2, 6-8 e 5-7 dias, respetivamente.

Kalleshwaraswamy *et al.* (2018) estudaram o ciclo de vida da lagarta-do-cartucho de outono, *S. frugiperda*. Verificaram que a fêmea estava a pôr ovos com a fecundidade de 1064 ovos. A duração das fases de incubação, larva e pupa foi de 2-3, 14-19 e 9-12 dias, respetivamente. Em condições laboratoriais, verificou-se que o ciclo de vida total dos machos e das fêmeas era de 32-43 e 34-46 dias, respetivamente.

Montezano *et al.* (2019) avaliaram os parâmetros de desenvolvimento de *S. frugiperda* em condições controladas. O tempo médio para os estágios de ovo, larva, pré-pupal e pupa foi de 2,69, 13,73, 1,43 e 9,24 dias, respetivamente. As taxas de sobrevivência das fases de ovo, larva, pré-pupal e pupa foram de 97,40, 98,33, 99,32 e 97,95 por cento, respetivamente.

Ahir *et al.* (2020) investigaram a biologia da lagarta do cartucho do milho. A fêmea foi observada a pôr ovos, com uma fecundidade média de 1082 ovos. De acordo com os registos, os períodos de incubação, larva total, pupa, pré oviposição, oviposição e pós oviposição variaram entre 2-3, 13-20, 8-12, 3-4, 2-3 e 4-5 dias, respetivamente. O ciclo de vida dos machos e das fêmeas foi de 32-44 e 35-47 dias, respetivamente. A razão sexual entre machos e fêmeas foi de 1:1,30.

Ashok *et al.* (2020) realizaram um estudo de levantamento de *S. frugiperda* em milho sob condições controladas. De acordo com o estudo, o comprimento total do estágio larval foi de 14,48 dias, a duração das larvas dos instares I, II, III, IV, V e VI foi de 2,55, 2,12, 2,08, 2,00, 2,04 e 3,69 dias, respetivamente, com um período pupal de 8,24 dias e longevidade adulta de 12,6 dias e 11,1 dias, respetivamente para fêmeas e machos.

Kalyan *et al.* (2020) investigaram a biologia da lagarta do cartucho em condições laboratoriais. A duração média das fases de incubação, larva, pupa, pré oviposição, oviposição e pós-oviposição foi de 3,30, 16,97, 8,96, 3,47, 2,96 e 6,13 dias, respetivamente. Os adultos machos e fêmeas viveram em média 10,67 e 13 dias, respetivamente. A duração média do ciclo de vida foi de 37,68 dias. A fecundidade média foi de 1662 ovos.

Reddy *et al.* (2020) examinaram o ciclo de vida da lagarta-do-cartucho de outono durante a *Rabi* 201920, e descobriram que o tempo de incubação variou entre 2 e 3 dias. O período larvar foi de 15 a 18 dias, com o primeiro ao quarto instar a variar de 2 a 3 dias, e o quinto e sexto instares a variar de 3 a 4 dias e 3 a 5 dias, respetivamente. O período pupal durou 8-10 dias e os adultos viveram 6-8 dias.

Janwa *et al.* (2021) referiram que os períodos de incubação, larva total, pré-pupal, pupa, pré-oviposição, oviposição e pós-oviposição, a longevidade dos machos e das fêmeas da lagarta-do-cartucho de outono foram de 2-3, 13-20, 1-2, 9-13, 3-4, 2-3, 4-5, 7-10 e 10-12 dias, respetivamente. O ciclo de vida dos machos e das fêmeas demora 37-46 e 40-49 dias, respetivamente, a completar-se. A fecundidade média da fêmea foi de 996 ovos e a razão sexual foi de 1,30:1.

Kranthi *et al.* (2021) estudaram a biologia da lagarta-do-cartucho em cana-de-açúcar. De acordo com os resultados, o período médio de incubação foi de $2,47 \pm 0,051$ dias. A larva passou por seis instares no total. O período larvar total durou cerca de 15 a 19 dias, com uma média de $16,82 \pm 0,236$ dias. Os períodos pré-pupais e pupais médios foram de $2,55 \pm 0,054$ e $8,22 \pm 0,075$ dias, respetivamente. As traças fêmeas e machos viveram em média $11,36 \pm 0,314$ e $7,59 \pm 0,137$ dias, respetivamente. Os dias de pré-oviposição, oviposição e pós-oviposição variaram de 3-4, 3-4, 4-5 dias com médias respetivas de $3,48 \pm 0,054$, $3,39 \pm 0,240$ e $4,48 \pm 0,075$ dias. O número médio de ovos postos por uma traça fêmea foi de $544,18 \pm 12,53$.

Ramzan *et al.* (2021) registaram a duração do desenvolvimento de cada fase de *S. frugiperda* criada em folhas de milho em condições laboratoriais. O período embrionário foi de $2,32 \pm 0,22$ dias. Enquanto o período larvar total foi de 14-16 dias e a duração de 1st , 2nd , 3rd , 4th , 5th e 6th instares larvares foi de 2,37, 2,09, 2,01, 2,02, 2,27 e 5,10 dias, respetivamente. As traças fêmeas viveram mais tempo em comparação com os machos.

Reddy *et al.* (2021) relataram que o estudo da biologia da lagarta do cartucho do milho revelou que a fecundidade média foi de 1015 ovos por fêmea e o período de incubação foi de 3,32 dias. As larvas passaram por seis instares de desenvolvimento e observou-se que todo o período larvar durou 18,02 dias. O período pupal durou 9,92 dias. Os períodos de pré oviposição, oviposição e pós oviposição foram de 10, 3,02 e 4,40 dias, respetivamente. Os ciclos de vida dos machos e das fêmeas foram completados em 40,34 e 42,76 dias, respetivamente.

Siddhapara *et al.* (2021) investigaram a biologia da FAW no milho em condições laboratoriais. O período de incubação foi de 2,40 ± 0,50 dias. As larvas passaram por seis instares, com duração total de 14,90 ± 1,47 dias. A duração da fase de pupa foi de 9,30 ± 0,65 dias, tendo sido observada tanto com como sem casulo de terra. Os adultos machos e fêmeas viveram uma média de 7,90 ± 0,84 e 10,60 ± 1,22 dias, respetivamente. O ciclo de vida completo foi concluído em 34,50 ± 1,80 dias para os machos e 37,20 ± 2,52 dias para as fêmeas.

Tiwari e Deole (2021) efectuaram um estudo sobre o ciclo de vida da lagarta do cartucho, *S. frugiperda*, no milho em Raipur, Chhattisgarh. De acordo com a investigação, o ciclo de vida médio de *S. frugiperda* demorou 34,5 ± 0,72 dias em condições laboratoriais. Estavam presentes seis instares larvares e a fase larvar durou 16,65 ± 0,16 dias. A duração da pupação foi registada como 6,30 ± 0,14 dias. A longevidade das fêmeas adultas foi de 9,05 ± 0,19 dias, enquanto a longevidade dos machos adultos foi de 6,15 ± 0,13 dias.

Akoijam *et al.* (2022) estudaram o ciclo de vida da lagarta do cartucho nas condições de Manipur. O macho e a fêmea adultos podem viver 32-40 e 29-34 dias, respetivamente. A fêmea pode pôr cerca de 1700-2000 ovos durante o seu ciclo de vida, com uma massa de ovos de 180200. As larvas têm seis instares, sendo o período larvar de 18-19 dias e o período pupal de 89 dias.

Gopalakrishnan e Kalia (2022) avaliaram os parâmetros biológicos da FAW em quatro hospedeiros diferentes: milho, algodão, rícino e couve-flor. Os resultados mostraram que o ciclo de vida mais curto de 32,8 ± 0,52 dias nos machos e 34,1 ± 0,43 dias nas fêmeas foi observado no milho e o algodão foi o hospedeiro menos preferido com um ciclo de vida mais longo de 49,5 ± 0,50 dias.

Hong *et al.* (2022) efectuaram um estudo pormenorizado sobre os parâmetros biológicos de *S. frugiperda* criada em cultivares de milho, milho de campo, milho doce e milho ceroso em condições controladas. Os resultados revelaram que todas as cultivares de milho tinham seis instares de desenvolvimento larvar. Foram encontrados efeitos significativos da planta hospedeira na duração do estádio larvar 10,83 ± 0,14, 11,015 ± 0,15 e 11,28 ± 0,05 dias quando alimentados com milho doce, milho ceroso e milho do campo, respetivamente. O ciclo de vida durou 28,11 ± 0,40 dias no milho do campo, 27,16 ± 0,37 dias no milho doce e 28,41 ± 0,34 dias no milho ceroso.

Rajisha *et al.* (2022) relataram que os períodos de incubação, larva total e pupa foram de 2-3, 13-20 e 7-11 dias, respetivamente. O tempo de vida dos machos e das fêmeas foi de 33-46 e 35-47 dias, respetivamente.

2.3 Gestão ecológica das principais pragas de insectos do milho

De Albuquerque *et al.* (2006) realizaram um experimento para verificar a eficiência de inseticidas utilizados no tratamento de sementes e pulverização, no manejo de pragas do milho. Os resultados da avaliação mostraram que o tratamento de sementes com thiamethoxam e a pulverização foliar com thiamethoxam+ lambda-cialotrina apresentam a maior eficácia no controle de todas as pragas do milho.

Bhat e Baba (2007) estudaram a eficácia de diferentes insecticidas contra a broca do caule do milho *Chilo partellus* e o pulgão do milho *Rhopalosiphum maidis* que infestam o milho. Os resultados revelaram que a aplicação em espiral com formulações granulares de clorpirifos 10G @ 0,75 kg ai/ha e carbofurano 3G @ 0,3 kg ai/ha foi eficaz contra *C. partellus*. As aplicações foliares com imidaclopride e cipermetrina foram eficazes contra o pulgão do milho *R. maidis*.

Kumar e Alam (2017) realizaram uma experiência de campo para estudar a bioeficácia de alguns insecticidas mais recentes contra a broca do caule do milho, *Chilo partellus*. A infestação média mínima e máxima por cento (10,60 e 72,60), bem como a média por cento de coração morto (3,75 e 23,50) foram registadas em chlorantraniliprole 20SC @ 0,3ml/l seguido de carbofuran 3G @ 7kg/ha e controlo não tratado, respetivamente.

Rivero-Borja *et al.* (2018) estudaram a interação de *Beauveria bassiana* e *Metarhizium anisopliae* com clorpirifós etílico e espinosade em larvas de *S. frugiperda.* Os resultados demonstraram que ambos os insecticidas melhoraram o desempenho do fungo quando o inseticida e o fungo foram aplicados simultaneamente e quando o spinosad foi aplicado primeiro. Quando o Bb88 e o spinosad foram utilizados em conjunto, observou-se uma mortalidade sinérgica, que levou a mais 34% de larvas mortas do que o controlo com spinosad (44%). Por último, foram observados efeitos antagónicos quando o Bb88 e o clorpirifos foram aplicados em conjunto, e quando o ETL foi aplicado antes do clorpirifos, o que reduziu a mortalidade das larvas em 27, 31 e 19%, respetivamente.

Sharma *et al.* (2018) realizaram uma experiência na região de Chitwan, no Nepal, sobre a gestão bio-racional da lagarta-do-cartucho (*Mythimna separata*). Utilizaram diferentes tratamentos para verificar a percentagem de danos da lagarta-do-cartucho (*Mythimna separata*), tratamentos como o carbofurano (4,33%), multineem (4,33%) e Metarhizium *anisopliae* (7%) apresentaram resultados superiores ao controlo (13,33%) com o rendimento de 8,21, 8,39, 8,148 e 7,18 t/ha, respetivamente.

Akutse *et al.* (2019) investigaram os efeitos ovicidas de isolados de fungos entomopatogénicos na lagarta-do-cartucho de outono *S. frugiperda.* Vinte isolados de fungos entomopatogénicos (14 *Metarhizium anisopliae* e 6 *Beauveria bassiana)* foram examinados quanto à sua eficácia. Foi testada a capacidade destes isolados para matar larvas de segundo instar de FAW, ovos e larvas neonatais que eclodiram de ovos tratados. Os resultados revelaram que apenas *B. bassiana* ICIPE 676 causou uma mortalidade moderada de 30 por cento nas larvas de segundo instar. *M. anisopliae* ICIPE 41 e ICIPE 7 superaram todos os outros isolados, causando 96,5 e 93,7% de mortalidade para as larvas neonatas, respetivamente. *M. anisopliae* ICIPE 78, ICIPE 40 e ICIPE 20 causaram mortalidades de ovos de 87, 83 e 79,5 por cento, respetivamente. A mortalidade acumulada de ovos e neonatos foi mais elevada com *M. anisopliae* ICIPE 41 (97,5%).

Hernandez-Trejo *et al.* (2019) avaliaram os fungos entomopatogênicos nativos e extratos de nim *(Azadiractha indica)* em *S. frugiperda* em condições *in vitro.* Os resultados mostraram que *Fusarium solani* obteve uma probabilidade de sobrevivência de 0,476 no sétimo dia no primeiro bioensaio e no segundo bioensaio *Metarhizium robertsii* teve uma probabilidade de sobrevivência de 0,488. A proporção de 1:2/70 por cento para 4 por cento utilizada na avaliação do extrato de neem resultou em 84 por cento de morte das larvas. O estudo concluiu que os extractos de ervas nativas e os extractos de nim têm potencial para controlar *S. frugiperda.*

Hernandez-Trejo *et al.* (2019) examinaram os efeitos de estirpes de fungos entomopatogénicos nativos e extrato de neem em *S. frugiperda* no milho. Os resultados revelaram que *Metarhizium robertsii* foi o tratamento mais eficaz, que reduziu a incidência de *S. frugiperda* nos ciclos outono-inverno e primavera-verão, resultando em menos danos às folhas e aumento do rendimento de grãos.

Maduka (2019) realizou uma experiência para conhecer os efeitos dos biopesticidas nos parâmetros demográficos da lagarta-do-cartucho em Morogoro, Tanzânia. Utilizando biopesticidas como *Beauveria bassiana, Metarhizium anisopliae* e *Bacillus thuringiensis* numa variedade de milho comercializada, foram determinados a biologia do desenvolvimento e os parâmetros demográficos da lagarta-do-cartucho. Os resultados sobre a biologia do desenvolvimento da lagarta-do-cartucho-do-milho mostraram uma variação significativa na duração do desenvolvimento dos estádios imaturos entre os tratamentos. Os resultados sobre os factores demográficos também variaram muito entre os tratamentos. Os resultados deste estudo concluíram que os biopesticidas podem ser utilizados para gerir a lagarta-do-cartucho-do-milho de forma sustentável.

Mahankuda e Bhatt (2019) analisaram as potencialidades do fungo entomopatogénico *Beauveria bassiana* como agente de biocontrolo. A elevada virulência, o carácter ecológico, a biopersistência, a especificidade do hospedeiro e a biodiversidade melhorada em ecossistemas controlados permitem a sua utilização como parte ecológica da gestão integrada das pragas. *Beauveria bassiana,* um dos agentes patogénicos fúngicos, é crucial no controlo de insectos pragas agrícolas.

Ngangambe (2019) realizou uma investigação sobre o controlo biológico da lagarta do cartucho, *Spodoptera frugiperda*, que ataca o milho na região central oriental da Tanzânia. Juntamente com os parasitoides do milho que controlam as pragas, biopesticidas como *Metarhizium anisopliae* e *Beauveria bassiana* foram postos à prova em vários sistemas de cultivo. De acordo com os resultados, as taxas de parasitismo de

Cotesia sp. nas parcelas tratadas com *M. anisopliae* nas épocas 1 e 2 (13,7% e 14,5%, respetivamente) foram mais elevadas. Este estudo concluiu que o controlo biológico é eficaz e envolve a conservação de inimigos naturais para o controlo sustentável da lagarta do cartucho.

Akot (2020) examinou o impacto dos correctivos de sementes no sorgo na gestão da lagarta do cartucho. Neste estudo, foram testados quatro correctivos de sementes (tiametoxame, imidaclopride, lindano e carbofurano). Os resultados mostraram que o lindano (3,3 larvas) e o tiametoxame (3,9 larvas) registaram um número mínimo de larvas de lagarta-do-cartucho por planta, em comparação com os outros insecticidas e a testemunha. O carbofurano (2,34 g) registou o maior peso de grão por parcela, em comparação com outros produtos de tratamento de sementes e com o controlo.

Akutse *et al.* (2020) estudaram a gestão sustentável da lagarta-do-cartucho de outono utilizando fungos patogénicos de insectos e uma armadilha de feromonas. Avaliaram o impacto de 22 isolados de fungos entomopatogénicos (16 *Metarhizium anisopliae* e 6 *Beauveria bassiana)* em *S. frugiperda.* Entre eles, dois isolados com os valores mais baixos de LT_{50} *B. bassiana* ICIPE 621 e *M. anisopliae* ICIPE7 causaram 100% de mortalidade das mariposas e tiveram valores de LT_{50} de 3,6± 0,1 e 3,9± 0,0 dias, respetivamente.

Dhobi *et al.* (2020) relataram que os tratamentos *B. bassiana* 5% WP (2,42 larvas/10 plantas), azadiractina 1500 ppm (2,46 larvas/10 plantas) e *M. anisopliae* 1,15% WP (2,78 larvas/10 plantas) com danos percentuais nas plantas de 22,74, 23,46 e 26,48 por cento, respetivamente, foram considerados eficazes no controlo dos danos causados pela lagarta-do-cartucho, *S. frugiperda* e são superiores ao controlo. O rendimento de grãos de milho registado em *B. bassiana* 5% WP (2584 kg/ha), azadiractina 1500 ppm (2580 kg/ha), *M. anisopliae* 1,15% WP (2383 kg/ha) e o rendimento de grãos mais baixo foi registado no controlo (1753 kg/ha).

Ramanujam *et al.* (2020) relataram que, nos resultados do seu ensaio de campo, foram observadas baixas percentagens de infestação de plantas por FAW após 3 pulverizações de M. *anisopliae* ICAR-NBAIR Ma-35 (20,28 por cento) e *B. bassiana* ICAR-NBAIR Bb-45 (21,39 por cento) em comparação com o controlo (66,94 por cento). Em comparação com o controlo (10,18 Q ha^{-1}), *M. anisopliae* ICAR-NBAIR Ma-35

(27,08 Q ha^{-1}) e *B. bassiana* ICAR-NBAIR Bb-45 (22,68 Q ha^{-1}) tiveram rendimentos de espiga significativamente mais elevados.

Herlinda *et al.* (2020) examinaram amostras de solo do Sul de Sumatra (Indonésia) para estudar a patogenicidade de fungos entomopatogénicos contra a praga do milho, *S. frugiperda*. A exploração dos fungos foi efectuada tanto nas terras baixas como nas terras altas e os isolados obtidos foram avaliados quanto à sua patogenicidade contra as larvas de terceiro instar. Foi encontrado *Metarhizium* spp. e foram obtidos 14 isolados. Os resultados revelaram que todos os isolados eram nocivos para as larvas de *S. frugiperda*, sendo que os mais nocivos mataram 78,67% delas e suprimiram significativamente o aparecimento de adultos até 81,2%.

Ramos *et al.* (2020) avaliaram o estabelecimento artificial de *Beauveria bassiana* e *Metarhizium anisopliae* como endófitos em plantas de milho, e seu efeito no controle das larvas da lagarta-do-cartucho, *Spodoptera frugiperda*. Os resultados mostraram que *B. bassiana* foi isolada mais frequentemente das raízes do que das folhas e caules (25, 10 e 5 isolamentos, respetivamente), enquanto *M. anisopliae* só foi encontrado nas raízes. As larvas de segundo instar de ambos os fungos entomopatogénicos morreram (100%) devido aos seus efeitos. Além disso, *B. bassiana* e *M. anisopliae* mataram 87 e 75% dos quartos instares larvais, respetivamente.

Suthar *et al.* (2020) concluíram que os insecticidas granulares foram eficazes contra a lagarta do cartucho do milho. O carbofurano, com 1,96 larvas por dez plantas, 17,07% de danos nas plantas e 21,61% de danos nas espigas, respetivamente, revelou-se um tratamento mais eficaz do que a testemunha, com 6,58 larvas por dez plantas, 58,96% de danos nas plantas e 50,02% de danos nas espigas, respetivamente. O rendimento de grãos de milho registado com carbofurano (2582 kg/ha) é superior ao rendimento de grãos registado na testemunha (1496 kg/ha).

Ahir *et al.* (2021) avaliaram a bioeficácia de insecticidas contra a lagarta do cartucho. Os resultados mostraram que os tratamentos *Beauveria bassiana* (0,67 larvas/planta), *Metarhizium anisopliae* (0,73 larvas/planta) e azadiractina 10000ppm (0,97 larvas/planta) foram considerados eficazes em relação ao controlo não tratado (1,52 larvas/planta) no controlo da *S. frugiperda*. O rendimento de grãos de milho registado nos tratamentos *Beauveria bassiana* (3283,33 kg/ha), *Metarhizium anisopliae* (3270 kg/ha), azadiractina 10000ppm (3256,67 kg/ha) e o rendimento de grãos mais baixo foi registado no controlo (2718 kg/ha).

Herlinda *et al.* (2021) estudaram a identificação molecular de espécies de fungos endofíticos do Sul de Sumatra e identificaram as espécies mais nocivas para as larvas de *S. frugiperda*. Os resultados mostraram que as espécies de fungos endofíticos de *B. bassiana* (isolado JgSPK), *C. lunata* (isolado JaSpkPga (3)) e *M. anisopliae* (isolado CaTpPga) causaram até 22,67% de mortalidade, 17,33% de mortalidade e 8% de mortalidade, respetivamente, das larvas da praga.

Idrees *et al.* (2021) estudaram a eficácia dos fungos entomopatogénicos nas fases imaturas e no desempenho alimentar das larvas de *S. frugiperda*. Os resultados mostraram que *Beauveria bassiana* ZK-5 causou a mortalidade máxima de ovos a $1x\ 10^6$, $1x\ 10^7$, $1x\ 10^8$ conidia ml^{-1} , com taxas de 40, 70 e 85,6 por cento, respetivamente. Além disso, a $1x\ 10^8$ conidia ml^{-1} , *B. bassiana* ZK-5 causou a maior mortalidade de recém-nascidos, de 54,3 por cento. Além disso, diminuiu a eficácia alimentar das larvas de *S. frugiperda* no seu primeiro a terceiro instar em 66,7 a 78,6 por cento a $1x\ 10^8$ condia$_{ml}$ -1.

Kuzhuppillymyal-Prabhakarankutty *et al.* (2021) examinaram o impacto do tratamento de sementes com *Beauveria bassiana* na resposta de *Zea mays* contra *S. frugiperda*. Os resultados mostraram que as larvas que se alimentaram de plantas tratadas com a estirpe PTG4 de *B. bassiana* prolongaram o seu estádio larvar. Além disso, em comparação com a alimentação em plantas de controlo não tratadas, as plantas tratadas com estirpes *de B. bassiana* produziram menos machos *de S. frugiperda*. Concluíram que o tratamento de sementes de milho com *B. bassiana* diminuiu a infestação de *S. frugiperda* em plantas de milho em ensaios de campo.

Montecalvo e Navasero (2021) avaliaram a bioeficácia de fungos entomopatogénicos em condições laboratoriais. As várias fases de vida de *S. frugiperda"* foram expostas a *Beauveria bassiana* e *Metarhizium anisopliae*. *B. bassiana* e *M. anisopliae* reduziram a eclodibilidade dos ovos tratados em 26,84 e 46,48 por cento, respetivamente. Aos 10 dias após o tratamento, a infeção letal para os instares larvais (1st a 6th) em *B. bassiana* variou de 23,64 a 97,42 por cento e em *M. anisopliae* a infeção letal variou de 23,13 a 61,33 por cento. No entanto, os dois fungos entomopatogénicos foram igualmente virulentos para ovos, 2 a 6 instares larvares, pré-pupas e pupas. *B. bassiana* foi mais virulenta para larvas de 1st instar. Estes resultados demonstraram como *B. bassiana* e *M. anisopliae* afectaram as várias fases de *S. frugiperda* e concluíram que estes fungos entomopatogénicos podem ser utilizados como alternativa aos insecticidas químicos contra *S. frugiperda*.

Montecalvo e Navasero (2021) isolaram *Metarhizium rileyi* de *S. exigua*, lagarta-do-cartucho da cebola ou da beterraba, que causou alta mortalidade a esta praga quando testada contra vários instares larvais de *S. frugiperda*. Foram aplicadas diferentes concentrações de conídios em folhas de milho esterilizadas à superfície antes de as alimentar com larvas *de S. frugiperda*. De acordo com a idade das larvas, a infeção fúngica começou 1-2 dias após o tratamento, confirmando que este fungo entomopatogénico pode infetar *S. frugiperda*. A mortalidade das larvas aumentou drasticamente 4-5 dias após o tratamento. Aos 7 dias após o tratamento, registou-se uma mortalidade larvar de até 100%. Os instares larvares iniciais (1st - 3rd) foram mais susceptíveis do que os instares larvares tardios (4th - 6th).

Russo *et al.* (2021) estudaram o impacto de fungos entomopatogénicos introduzidos como endófitos do milho no desenvolvimento, reprodução e preferência alimentar da lagarta do cartucho. Os resultados mostraram que o isolado *Beauveria bassiana* (LPSc 1098) usado como spray foliar para atingir a maior colonização da planta. A redução significativa na sobrevivência de larvas e pupas, na duração de diferentes estágios de desenvolvimento, no tempo de vida e na área foliar que as larvas de 3rd instar consomem foi provocada pela *B. bassiana* endofítica. A longevidade, a fecundidade e a fertilidade das fêmeas foram reduzidas pela colonização da planta.

Shinde *et al.* (2021) avaliaram as diferentes aplicações de whorl para a gestão da lagarta do cartucho. Os resultados revelaram que a média de larvas por planta da lagarta-do-cartucho, *S. frugiperda*, controlada nos tratamentos *M. anisopliae* (1,1 larva/planta), *B. bassiana* (1,16 larva/planta) e carbofurano (1,33 larva/planta) foi eficaz no controlo dos danos em comparação com o controlo não tratado (2,46 larva/planta). O rendimento de grãos do milho foi registado nos tratamentos *M. anisopliae* (22,8 q/ha), carbofurano (22,5 q/ha), *B. bassiana* (19,5 q/ha) e o rendimento de grãos mais baixo foi registado no controlo (15,1 q/ha).

Varshney *et al.* (2021) estudaram a gestão baseada no biocontrolo da lagarta do cartucho, *S. frugiperda*, no milho indiano durante as estações *Rabi* e *Kharif*. Utilizando uma estratégia integrada de gestão de pragas que incluiu a instalação de armadilhas de feromonas FAW de libertação controlada, quatro libertações de *Trichogrammapretiosum*, duas pulverizações de óleo de neem, uma pulverização de cada *Bacillus thuringiensis* (NBAIR-BT25) e *Metarhizium anisopliae* (NBAIR Ma-35) resultou na redução de 76 e 71,64 por cento da massa de ovos, 80 e 74,44 por cento da população larvar aos 60 dias após o tratamento durante a época de *Rabi* e *Kharif*, respetivamente.

Wayal *et al.* (2021) efectuaram um estudo sobre a gestão biorracional de *S. frugiperda* no milho. Os resultados revelaram que a percentagem de infestação da lagarta-do-cartucho de outono registada nos tratamentos *Beauveria bassiana* (21,96), *Metarhizium anisopliae* (25,54) e azadiractina 1500 ppm (40,52) foi superior à do controlo. A percentagem máxima de infestação foi registada no controlo (83,89).

Afandhi *et al.* (2022) investigaram a virulência de vários isolados de fungos entomopatogénicos indígenas para suprimir a praga *S. frugiperda* em Java Oriental, Indonésia. Os resultados revelaram que os isolados de FEP testados apresentaram diferentes graus de virulência contra larvas de *S. frugiperda*, resultando numa mortalidade larvar de 3,5 a 71% aos 10 dias após o tratamento, com *Beauveria bassiana* e *Trichoderma asperellum* a apresentarem as taxas de mortalidade mais elevadas. Aos 10 dias após o tratamento, *B. bassiana* e *T. asperellum* causaram níveis elevados de mortalidade larvar de 76 e 81 por cento, respetivamente, a uma concentração de 10^8 conidia ml^{-1}

Dobariya e Sisodiya (2022) avaliaram os insecticidas utilizados no tratamento de sementes contra a lagarta do cartucho que infesta o milho forrageiro. Entre os insecticidas avaliados, o cyantraniliprole 19.8 + thiamethoxam 19.8 FS @ 6ml/kg de sementes mostrou um resultado significativamente superior no controlo da lagarta-do-cartucho (1,32 larvas/20 plantas) com menos danos nas plantas (29,97%) e rendimento máximo de forragem verde (633 q/ha).

Suganthi *et al.* (2022) investigaram a bioeficácia, a toxicidade persistente e a persistência de resíduos translocados de vários tratamentos de sementes com insecticidas para a gestão da lagarta do cartucho do milho. De acordo com a investigação, a maior proteção foi proporcionada pelo clorantraniliprole 62,5 FS @ 6 ml/kg de sementes, seguido pelo cianantraniliprole + tiametoxame 19,8 FS, tetraniliprole 480 FS e tetraniliprole + fipronil 240 FS. Os resíduos de clorantraniliprolo persistiram durante mais de 26 dias e os resíduos de ciantraniliprolo + tiametoxame persistiram durante mais de 16 dias nas plântulas de milho.

Ullah *et al.* (2022) realizaram uma experiência sobre o isolamento, a identificação e a virulência de estirpes de fungos entomopatogénicos indígenas contra a lagarta do cartucho, *S. frugiperda* (Lepidoptera: Noctuidae). Os resultados indicaram que os isolados de *Metarhizium anisopliae* eram mais virulentos em relação às larvas de *S. frugiperda* do que o isolado de *Beauveria bassiana*. *M. anisopliae* e *Beauveria bassiana* causaram uma mortalidade média máxima de 88 e 76% de *S. frugiperda,* respetivamente, na concentração conidial mais elevada (1,0 x 10^9 conídios/ml).

CAPÍTULO 3: MATERIAIS E MÉTODOS

Durante a *Rabi* 2021-22, foi realizada uma experiência de campo sobre "Gestão ecológica das principais pragas de insectos do milho". Os pormenores do material experimental utilizado, os procedimentos adoptados e as técnicas utilizadas ao longo da experiência são descritos em subcapítulos.

3.1 Localização da experiência

A experiência de campo foi conduzida durante *Rabi* 2021-22 no Departamento de Entomologia Agrícola, Vasantrao Naik Marathwada Krishi Vidyapeeth, Parbhani, que está localizado em 19^0 16 'latitude norte e 76^0 47' longitude leste a uma altitude de 408,50 metros acima do nível médio do mar.

3.2 Condições climáticas

O clima em Parbhani é subtropical. A precipitação média anual é de cerca de 800-900 mm, caindo a maior parte entre junho e setembro. A temperatura varia entre 11^0 C e 43^0 C, com uma humidade relativa de 30 a 90 por cento. Os dados foram obtidos no observatório meteorológico, VNMKV, Parbhani.

3.3 Tipo de solo

O ensaio de investigação foi conduzido em solo de algodão preto típico bem drenado, com profundidade média e com um nível uniforme de fertilidade com pH de 7,03 a 8,01.

3.4 Material experimental

As alfaias necessárias para a realização de operações interculturais como lavoura, sacha, monda, irrigação e outros factores de produção como sementes de milho, paus de madeira, corda, etiquetas, insecticidas, fertilizantes, pulverizador costal, recipientes de plástico, luvas, cilindro de medição, balde, máquina de pesagem foram obtidos no Departamento de Entomologia Agrícola, Vasantrao Naik Marathwada Krishi Vidyapeeth, Parbhani.

3.5 Práticas agronómicas

3.5.1 Preparação do terreno

O campo experimental foi preparado por lavoura, trituração de torrões e gradagem cruzada antes da sementeira para obter uma inclinação fina do solo e um campo limpo sem restolhos. Em seguida, a parcela experimental foi montada de acordo com um projeto estatístico.

3.5.2 Esquema da experiência

Três tratamentos principais e cinco subtratamentos foram replicados três vezes no campo experimental, que foi disposto num esquema de parcelas divididas. O tamanho bruto da parcela era de 3,6m x 4,8m, o tamanho líquido da parcela era de 3,0m x 4,6m e o espaçamento era de 60cm x 20cm.

3.5.3 Semeadura

A marcação das linhas foi efectuada utilizando uma corda atada a cada 60 cm de espaçamento entre linhas. A semeadura da parcela experimental foi feita em 14th dezembro de 2021, diblando duas a três sementes por colina a uma profundidade de cerca de 4-5 cm a um espaçamento de 60cm x 20cm e uma fina camada de solo no topo.

3.5.4 Aplicação de fertilizantes

A pulverização foliar de ureia na dose de 120 kg por hectare foi administrada um mês após a germinação das sementes.

3.5.5 Enxada e monda

Para erradicar as ervas daninhas, aumentar o arejamento do solo e conservar a humidade do solo, foram realizadas actividades oportunas de sacha e monda.

3.6 Incidência sazonal e correlação climática dos principais insectos pragas e inimigos naturais do milho

A experiência de campo sobre a incidência sazonal e a correlação climática das principais pragas de insectos e inimigos naturais do milho foi realizada na parcela experimental da quinta experimental do Departamento de Entomologia Agrícola, Vasantrao Naik Marathwada Krishi Vidyapeeth, Parbhani.

3.6.1 Detalhes experimentais

Design   : Non replicated

Gross plot size   : 10m X 10 m

Net plot size   : 9.55m X 9.55m

Spacing   : 60cm X 20cm

Variety   : Dhanlaxmi (32D12)

Season   : *Rabi* 2021-22

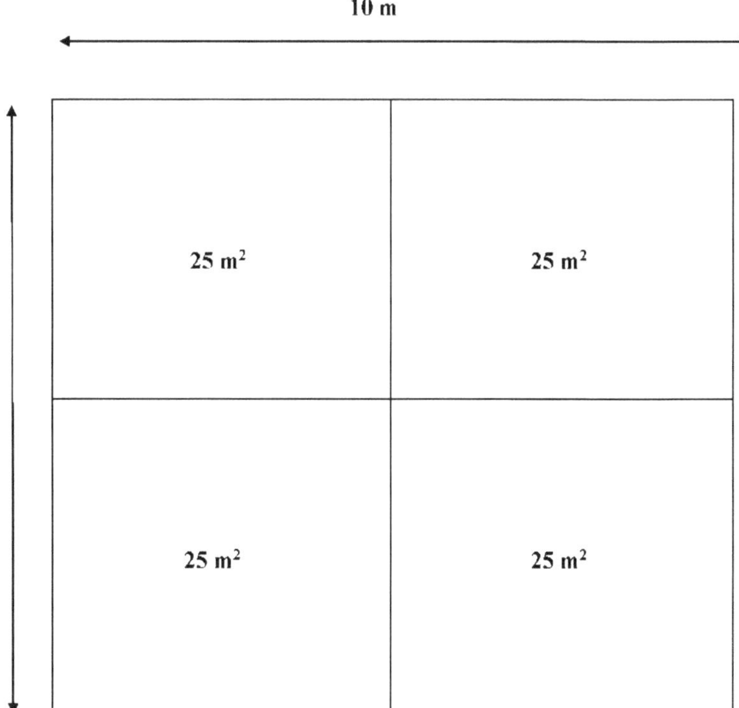

Fig. 3.1: Gráfico experimental para a incidência sazonal

3.6.2 Método de registo das observações:

Foram seleccionadas aleatoriamente dez plantas de cada quadrado e as observações de campo foram registadas a intervalos semanais, desde a emergência da cultura até à colheita.

A incidência da lagarta do cartucho foi registada em dez plantas escolhidas ao acaso em cada parcela, a intervalos semanais. As observações foram registadas como número de larvas por 10 plantas.

A incidência do inimigo natural, o escaravelho coccinelídeo, foi registada em dez plantas escolhidas ao acaso em cada parcela, a intervalos semanais. As observações foram registadas em número de larvas e adultos por planta.

3.7 Biologia da lagarta do cartucho, *Spodoptera frugiperda*, no milho

A biologia da lagarta do cartucho, *S. frugiperda*, no milho foi estudada no laboratório do Departamento de Entomologia Agrícola, Vasantrao Naik Marathwada Krishi Vidyapeeth, Parbhani.

As larvas de *S. frugiperda* foram recolhidas em campos de milho. Estas larvas foram criadas individualmente em caixas de plástico limpas, com folhas de milho frescas, até atingirem a fase pré-pupal. Em seguida, as larvas em fase pré-pupal foram transferidas para um tabuleiro de base cheio de terra para a pupação. As pupas desenvolvidas foram transferidas para frascos limpos até à emergência das traças. Os adultos que emergiram foram emparelhados e deixados acasalar em gaiolas de acasalamento separadas. As traças foram alimentadas com uma solução de mel a 10 por cento embebida em chumaços de algodão para uma postura correcta dos ovos. Os ovos frescos postos foram utilizados para o estudo da biologia. As larvas recém-eclodidas foram transferidas para placas de Petri e criadas individualmente em folhas frescas de milho, que eram mudadas diariamente como alimento. O crescimento e o desenvolvimento de *S. frugiperda* foram registados todos os dias até atingirem a fase adulta.

Para estudar a biologia, foram registadas as observações sobre diferentes parâmetros biológicos - período de incubação, período larvar, período pupal, período de pré-oviposição, período de oviposição, período de pós-oviposição, longevidade dos machos e das fêmeas adultos, ciclo de vida total e fecundidade.

3.8 Gestão ecológica das principais pragas de insectos do milho

3.8.1 Detalhes experimentais

Uma experiência de campo sobre a gestão ecológica das principais pragas de insectos do milho foi realizada na quinta de investigação do Departamento de Entomologia Agrícola, Vasantrao Naik Marathwada Krishi Vidyapeeth, Parbhani durante o *Rabi* 2021-22.

Season   : *Rabi* 2021-22

Crop   : Maize

Design   : Split Plot Design (SPD)

Main treatments   : 03

Sub treatments   : 05

Replications   : 03

Gross plot size   : 3.6m x 4.8m

Net plot size   : 3.0m x 4.6m

Number of plots   : 45

Quadro 3.1 Detalhes do tratamento

Main Treatment		Sub treatment	Dose
M_1-Seed treatment with cyantraniliprole+ thiamethoxam @ 6ml/kg seed	T_1	Azadirachtin 3000ppm	2500ml/ha
	T_2	*Beauveria bassiana* (1×10^9 cfu/g)	2500g/ha
	T_3	*Metarhizium anisopliae* (1×10^9 cfu/g)	2500g/ha
	T_4	*Beauveria bassiana* (1×10^9 cfu/g) + *Metarhizium anisopliae* (1×10^9 cfu/g)	1250g+1250g/ha
	T_5	Untreated	
M_2-Granular application with carbofuran 3G @ 33kg/ha	T_1	Azadirachtin 3000ppm	2500ml/ha
	T_2	*Beauveria bassiana* (1×10^9 cfu/g)	2500g/ha
	T_3	*Metarhizium anisopliae* (1×10^9 cfu/g)	2500g/ha
	T_4	*Beauveria bassiana* (1×10^9 cfu/g) + *Metarhizium anisopliae* (1×10^9 cfu/g)	1250g+1250g/ha
	T_5	Untreated	
M_3-Without seed treatment	T_1	Azadirachtin 3000ppm	2500ml/ha
	T_2	*Beauveria bassiana* (1×10^9 cfu/g)	2500g/ha
	T_3	*Metarhizium anisopliae* (1×10^9 cfu/g)	2500g/ha
	T_4	*Beauveria bassiana* (1×10^9 cfu/g) + *Metarhizium anisopliae* (1×10^9 cfu/g)	1250g+1250g/ha
	T_5	Untreated	

3.8.2 Aplicação de tratamentos:

Para o tratamento de sementes, a quantidade necessária de inseticida Cyantraniliprole+ thiamethoxam @6ml/ kg de sementes foi tomada e misturada com as sementes antes da sementeira. Para o tratamento sem sementes, não foi aplicado qualquer outro inseticida para além dos subtratamentos. Para aplicação granular, a quantidade necessária de inseticida carbofuran 3G @33kg/ha foi aplicada ao solo ao redor da planta em 15th dia após a germinação das sementes.

Os subtratamentos foram impostos no aparecimento dos principais insectos no milho e as restantes pulverizações foram feitas com um intervalo de 15 dias.

3.8.3 Método de registo das observações:

Número de larvas por 10 plantas:

A incidência da lagarta do cartucho foi registada em dez plantas escolhidas ao acaso em cada parcela. A observação foi registada como número de larvas por 10 plantas. A pré-contagem de insectos foi registada um dia antes de cada pulverização e a pós-contagem foi registada 3, 7 e 14 dias após cada pulverização.

Porcentagem de danos às plantas por _Spodoptera frugiperda_ por parcela:

O número total de plantas infestadas por parcela foi registado em cada parcela. A percentagem de infestação de plantas foi calculada da seguinte forma

$$\text{Per cent plant damage} = \frac{number\ of\ infested\ plant\ per\ plot}{total\ number\ of\ plants\ per\ plot}\ X\ 100$$

Percentagem de danos em espigas por _Spodoptera frugiperda_ por parcela:

O número de espigas danificadas pela lagarta do cartucho foi registado na colheita de cada parcela e a percentagem de espigas danificadas foi calculada da seguinte forma

$$\text{Per cent cob damage} = \frac{number\ of\ infested\ cob\ per\ plot}{total\ number\ of\ cob\ per\ plot}\ X\ 100$$

3.9 Análise estatística

Os dados obtidos na experiência de campo foram calculados em média, convertidos em transformações adequadas e depois submetidos a uma análise estatística para testar o nível de significância.

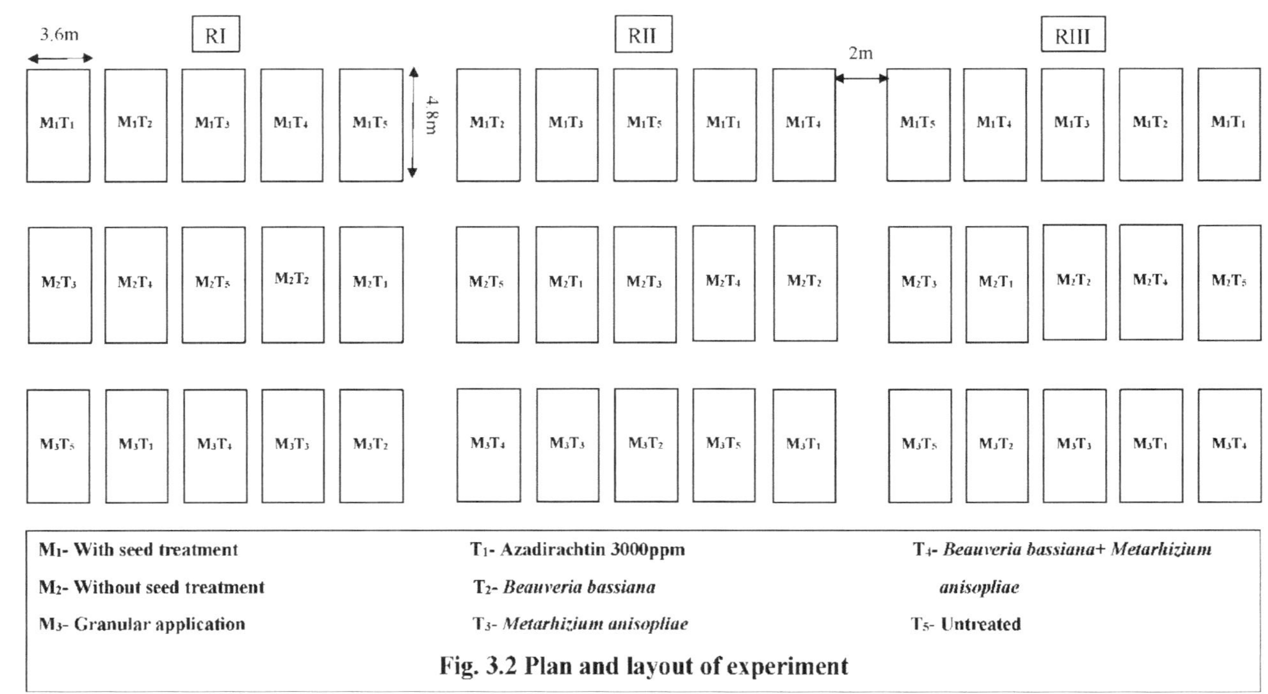

Fig. 3.2 Plan and layout of experiment

CAPÍTULO 4: RESULTADOS E DISCUSSÃO

A "Gestão ecológica das principais pragas de insectos do milho" em condições de campo foi realizada no Departamento de Entomologia Agrícola, Faculdade de Agricultura, Parbhani, durante a *Rabi* 2021-22. Os resultados obtidos durante a investigação são apresentados nas seguintes rubricas

1. Incidência sazonal e correlação climática dos principais insectos pragas e inimigos naturais do milho
2. Biologia da lagarta do cartucho, *Spodoptera frugiperda*, no milho
3. Gestão ecológica dos principais insectos pragas do milho.

4.1 Incidência sazonal e correlação climática dos principais insectos pragas e inimigos naturais do milho

4.1.1 Variação sazonal da lagarta do cartucho do milho

A população de lagarta-do-cartucho de outono foi registada como número de larvas por dez plantas. As observações apresentadas no quadro 4.1 revelaram que a população larvar da lagarta-do-cartucho, *S. frugiperda*, apareceu na primeira semana de janeiro (1,5 larvas/10 plantas). A partir daí, a população de larvas da lagarta-do-cartucho aumentou de forma constante até à terceira semana de março, após o que a população de larvas começou a diminuir gradualmente. A população mais elevada de lagarta-do-cartucho (13,5 larvas/10 plantas) foi registada durante a décima primeira semana meteorológica padrão. Durante este período, a humidade relativa da manhã e da tarde, a temperatura máxima e mínima, a precipitação, a velocidade do vento, a evaporação e as horas de sol brilhante foram de 56%, 10%, 37,4 °C, 16,3 °C, 0 mm, 3,6 kmph, 8,9 mm e 8,4 horas, respetivamente. A população de larvas foi registada durante todo o período de crescimento da cultura.

Correlação entre os parâmetros meteorológicos e a lagarta do cartucho do milho

A observação apresentada na tabela 4.2 revelou que a população larvar mostrou uma correlação negativa significativa com a humidade relativa nocturna (r=-0,554). Além disso, a população larvar mostrou uma correlação positiva não significativa com a temperatura máxima (r=0,243), a evaporação (r=0,220) e as horas de sol brilhante (r=0,307). Enquanto a humidade relativa da manhã (r=-0,311), a temperatura mínima (r=-

0,024), a precipitação (r=-0,204) e a velocidade do vento (r=-0,122) mostraram uma correlação negativa não significativa com a população larvar da lagarta-do-cartucho.

4.1.2 Incidência sazonal de pragas sugadoras no milho

A população de pragas sugadoras no milho era insignificante.

4.1.3 Variação sazonal dos besouros coccinelídeos inimigos naturais do milho

A população de besouros coccinelídeos inimigos naturais foi registada como número de larvas e adultos por planta. As observações apresentadas no quadro 4.1 revelaram que a população de escaravelhos coccinelídeos apareceu na primeira semana de janeiro (0,13 larvas e adultos/planta). A partir daí, a população de escaravelhos coccinelídeos variou em cada semana. A população mais elevada de escaravelhos coccinelídeos (0,45 larvas e adultos/planta) foi registada durante a décima primeira semana meteorológica padrão. Durante este período, a humidade relativa matinal e vespertina, a temperatura máxima e mínima, a precipitação, a velocidade do vento, a evaporação e as horas de sol brilhante foram de 56%, 10% e 37,4 °C,

16.3   °C, 0 mm, 3,6 kmph, 8,9 mm e 8,4 horas, respetivamente.

Correlação entre os parâmetros meteorológicos e os besouros coccinelídeos inimigos naturais

A observação apresentada na tabela 4.2 revelou que a população de escaravelhos coccinelídeos mostrou uma correlação negativa significativa com a humidade relativa nocturna (r=-0,625). Além disso, a população de coccinelídeos mostrou uma correlação positiva não significativa com a temperatura máxima (r=0,072), a velocidade do vento (r=0,002), a evaporação (r=0,046) e as horas de sol brilhante (r=0,066). Enquanto a humidade relativa matinal (r=- 0,350), a temperatura mínima (r=-0,083) e a precipitação (r=-0,005) apresentaram uma correlação negativa não significativa com a população de escaravelhos coccinelídeos.

Os resultados obtidos por investigadores anteriores foram semelhantes aos de Anandhi *et al* (2020), que referiram que a população larvar de *S. frugiperda* tinha uma correlação positiva significativa com a temperatura máxima tanto da mesma semana (r=0,32 a 0,45) como da semana anterior (r=0,21 a 0,52) em todos os locais da zona do delta do Cauvery. Na mesma semana e na anterior, a temperatura mínima não teve correlação significativa em todas as localidades. A precipitação da mesma semana (r=-0,36 a -0,47) e da semana anterior (r=-0,19 a -0,24) foram significativa e negativamente correlacionadas.

Table 4.1: Seasonal incidence of Fall armyworm and Coccinellid beetles on Maize during *Rabi* 2021-22

Sr. No.	SMW	Duration	Humidity (%)		Temperature (°C)		RF (mm)	WV (kmph)	Evaporation (mm)	BSH	FAW (No. of larvae/ 10 plants)	Coccinellid beetles (No. of grubs & adults/plant)
			RH1	RH2	MAX	MIN						
1.	52	24-31 Dec.	88	44	28.9	13.6	0	3	3.1	4.9	0	0
2.	1	01-07 Jan.	89	39	28.6	13	0	2.5	3	6.3	1.5	0.13
3.	2	08-14 Jan.	87	55	27.1	15.9	0	4.6	3	4.1	2.75	0.15
4.	3	15-21 Jan.	92	44	26.7	11.8	0	2.8	2.9	5.9	4.25	0.2
5.	4	22-28 Jan.	78	34	26.8	9.9	0	4.2	4.5	7.6	5.5	0.3
6.	5	29-04 Feb.	83	19	30	8	0	2.8	4.8	9.6	7	0.25
7.	6	05-11 Feb.	75	28	30.4	11.8	0	3.5	5.1	8.3	7.75	0.4
8.	7	12-18 Feb.	72	25	31.1	14.4	0	3.7	5.7	8	8.5	0.33
9.	8	19-25 Feb.	74	20	34	14.6	0	3.2	6.2	8.9	10	0.38
10.	9	26-04 Mar.	62	16	34.9	16.4	0	2.9	6.6	8.6	11.25	0.2
11.	10	05-11 Mar.	62	21	34.3	17.5	0	3.6	7.1	6.9	12	0.3
12.	11	12-18 Mar.	56	10	37.4	16.3	0	3.6	8.9	8.4	13.5	0.45
13.	12	19-25 Mar.	43	13	39.3	20.6	0	3.4	9	6.5	10.75	0.28
14.	13	26-01 Apr.	48	8	40.4	18.6	0	3.5	9	8.2	9	0.35
15.	14	02-08 Apr.	48	10	41.4	21.6	0	2.9	10.1	8.9	7.25	0.3
16.	15	09-15 Apr.	38	16	40.2	24.2	0	2.7	8.5	6.5	5.5	0.2
17.	16	16-22 Apr.	46	12	41.3	22.3	0	4.1	12	9.5	4.25	0.1
18.	17	23-29 Apr.	46	12	41.1	24	1.5	4.3	11	9.5	3.5	0.18
19.	18	30-06 May.	42	13	42.6	24.7	0	4.7	12.5	10	3	0.2

Anandhi *et al.* (2020) relataram que a população larvar do verme do exército de outono variou de 0,66 a 2,60 larvas por planta durante a estação *Rabi*. A população máxima de larvas foi registada em 45th SMW (2,01 a 2,60 larvas por planta) durante a estação *Rabi*.

Kumar *et al* (2020) relataram que a incidência da lagarta-do-cartucho de outono foi mínima durante a 2nd quinzena de outubro de 2019 (10%) e a incidência máxima foi registada na 1st quinzena de novembro de 2019 (72%). Durante a *Kharif* e a *Rabi,* a ocorrência de *S. frugiperda* em termos de população larvar mostrou uma correlação positiva significativa com as temperaturas máximas (r=0,7205) e uma correlação negativa e uma relação significativa com a humidade relativa (r=-0,6739) e a precipitação (r=-0,8293) no distrito de Perambalur.

Warkad *et al.* (2021) referiram que, durante a estação de *Rabi*, a população larvar máxima (1,6 larvas/planta) foi observada durante a terceira semana de março (11th SMW). A população máxima de coccinelídeos foi observada em 11th SMW. O coeficiente de determinação (valor R^2) foi de 0,941 e 0,675 para a população de larvas de lagarta do cartucho e coccinelídeos, respetivamente.

Quadro 4.2: Correlação da lagarta-do-cartucho e dos escaravelhos Coccinellid no milho com os parâmetros meteorológicos durante a *Rabi* 2021-22

Weather parameters	Correlation coefficient ('r' value)	
	Fall armyworm larval Population	Coccinellid beetles (Grubs and adults)
Morning relative humidity (%)	-0.311	-0.350
Evening relative humidity (%)	-0.554*	-0.625*
Maximum temperature (°C)	0.243	0.072
Minimum temperature (°C)	-0.024	-0.083
Rainfall (mm)	-0.204	-0.005
Wind velocity (kmph)	-0.122	0.002
Evaporation (mm)	0.220	0.046
Bright sunshine hours (h)	0.307	0.066

*Significant at 5%

Placa I: Natureza dos danos causados pela lagarta do cartucho, *Spodoptera frugiperda*

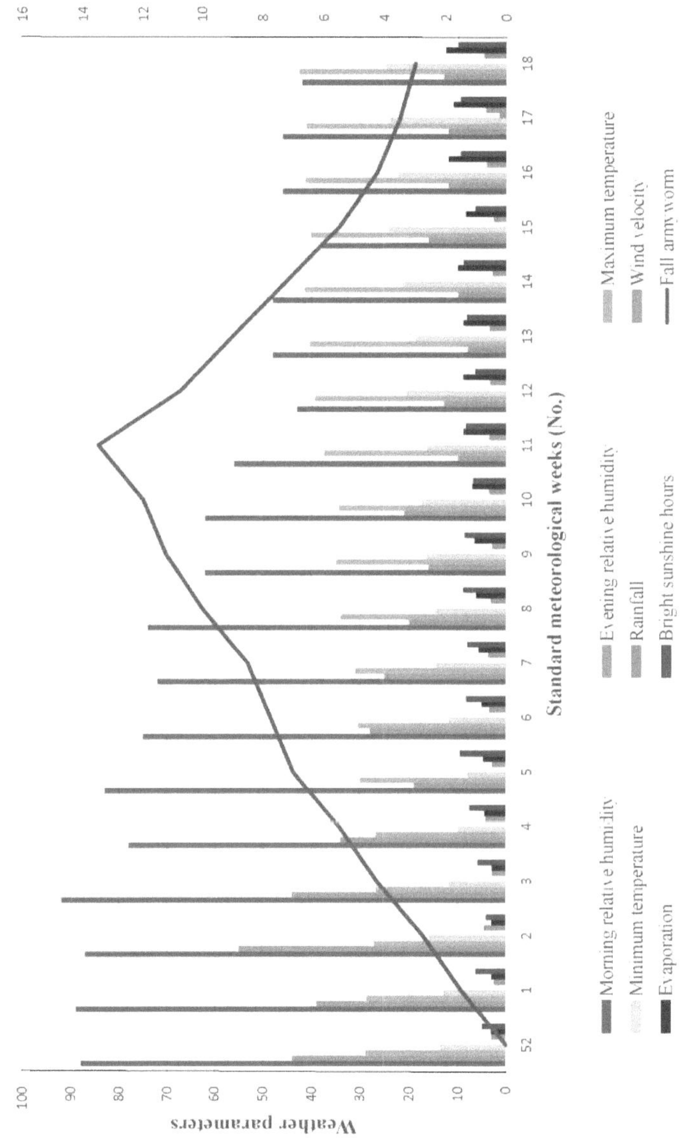

Fig. 4.1 Seasonal incidence of fall armyworm on maize in relation to weather parameters during *Rabi* 2021-22

43

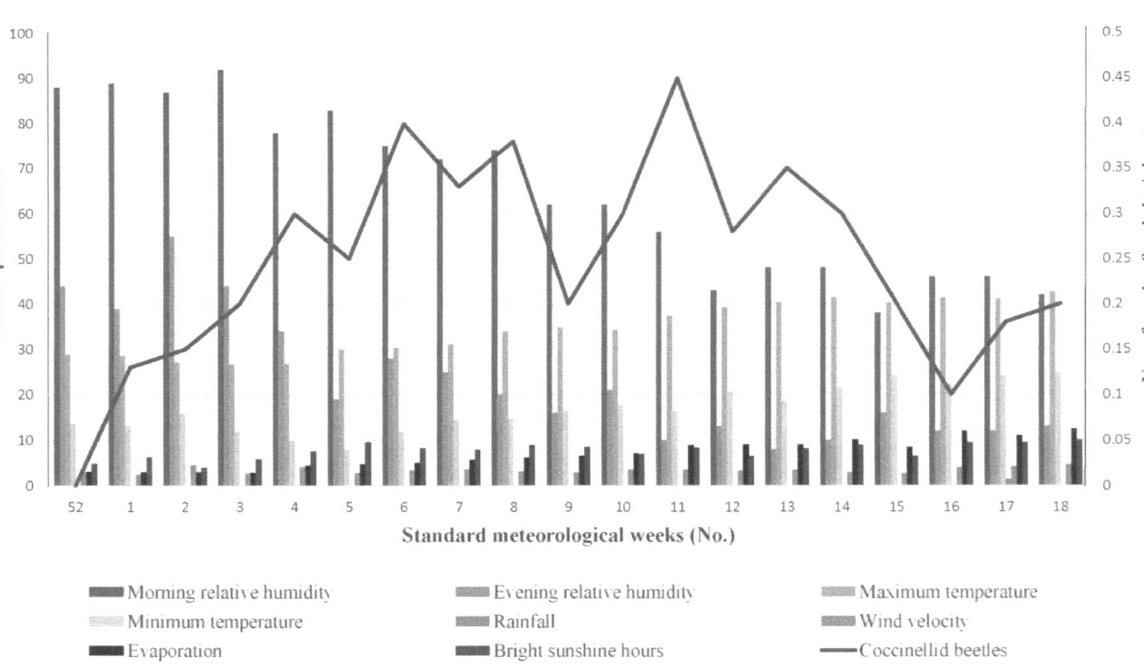

Fig. 4.2 Seasonal incidence of coccinellid beetles in relation to weather parameters during *Rabi* 2021-22

44

4.2 Biologia da lagarta do cartucho, *Spodoptera frugiperda*, no milho

A biologia de *S. frugiperda* criada em milho foi estudada em condições laboratoriais e os resultados são apresentados no quadro 4.3.

4.2.1 Período de incubação

O período de incubação de *S. frugiperda* no milho variou entre 2 e 3 dias, com uma média de 2,50 ± 0,50 dias.

Os resultados são semelhantes às descobertas de Sharanabasappa *et al.* (2018), Bhavani *et al.* (2019), Ashok *et al.* (2020) e Ramzan *et al.* (2021) que relataram o período médio de incubação da lagarta do cartucho, *S. frugiperda*, como 2,50 ± 0,50, 2,5, 2,06 ± 0,520 e 2,32 ± 0,22 dias, respetivamente.

4.2.2 Período larvar

Foram observados seis instares larvares durante o crescimento das larvas de *S. frugiperda*. A duração do primeiro, segundo, terceiro, quarto, quinto e sexto instares criados em milho variou de 2 a 3, 2 a 3, 2 a 3, 2 a 3, 2 a 3, 2 a 3 e 3 a 5 dias, respetivamente, com a duração média do primeiro, segundo, terceiro, quarto, quinto e sexto instares em milho variando de 2,47 ± 0,50, 2,3 ± 0,46, 2,2 ± 0,40, 2,10 ± 0,30, 2,43 ± 0,50 e 4,03 ± 0,66 dias, respetivamente. O período larvar total de *S. frugiperda* variou entre 14 e 17 dias, com uma duração média de 15,53 ± 0,81 dias.

Os presentes resultados estão em estreita conformidade com as conclusões anteriores de Kalleshwaraswamy *et al.* (2018), que indicaram que o período larvar total de *S. frugiperda* variava entre 14 e 19 dias. Ashok *et al.* (2020) relataram que a duração média do primeiro, segundo, terceiro, quarto, quinto, sexto instar e período larval total de *S. frugiperda* foi de 2,55 ± 0,503, 2,12 ± 0,331, 2,08 ± 0,344, 2,00 ± 0,204, 2,04 ± 0,200, 3,69 ± 0,466 e 14,48 dias, respetivamente. Kalyan *et al.* (2020) relataram que a duração média do primeiro, segundo, terceiro, quarto, quinto, sexto instar e período larval total de *S. frugiperda* foi de 2,8, 2,5, 2,5, 2,0, 2,7, 4,9 e 16,97 dias, respetivamente. Ramzan *et al.* (2021) relataram que a duração média do primeiro, segundo, terceiro, quarto, quinto, sexto instar e período larval total da lagarta-do-cartucho de outono foi de 2,37 ± 0,33, 2,09 ± 0,21, 2,01 ± 0,09, 2,02 ± 0,04, 2,27 ± 0,30, 5,10 ± 0,81 e 14,09 ± 0,81 dias, respetivamente.

4.2.3 Período pupal

O período pupal de *S. frugiperda* variou de 6 a 10 dias, com uma média de 8,07 ± 1,12 dias em condições laboratoriais.

Os resultados estão mais ou menos em consonância com os resultados de Kalleshwaraswamy *et al.* (2018), que indicaram que o período pupal médio de *S. frugiperda* variou de 9 a 12 dias. Bhavani *et al.* (2019) referiram que o período pupal médio de *S. frugiperda* era de cerca de 8 a 9 dias. Ashok *et al.* (2020), Kalyan *et al.* (2020) e Ramzan *et al.* (2021) relataram que o período médio de pupas de *S. frugiperda* foi de 8,24 ± 0,804, 8,96 e 9,00 ± 0,61 dias, respetivamente.

4.2.4 Período adulto

O período adulto de *S. frugiperda* variou entre 7 e 14 dias, com uma duração média de 10,30 ± 2,04 dias.

Os resultados são semelhantes aos resultados de Deole e Paul (2018), que relataram que o adulto de *S. frugiperda* vive de 5 a 7 dias. Ashok *et al.* (2020) relataram que o período adulto de *S. frugiperda* variou de 11 a 14 dias, com uma média de 11,85 ± 1,061 dias.

4.2.5 Período total de desenvolvimento de *S. frugiperda*

Este estudo revelou que o período total de desenvolvimento de *S. frugiperda* no milho variou entre 32 e 40 dias, com uma duração média de 36,40 ± 2,27 dias.

Os resultados estão em estreita conformidade com as conclusões de Ashok *et al.* (2020), que referiram que o período de desenvolvimento total de *S. frugiperda* variava entre 24 e 38 dias, com uma duração média de 36,63 ± 3,546 dias. De acordo com Kalyan *et al.* (2020), o ciclo de vida total médio dos machos e das fêmeas de *S. frugiperda* foi de 36,15 e 40,11 dias, respetivamente. Ramzan *et al.* (2021) indicaram que o ciclo de vida total dos machos e das fêmeas de *S. frugiperda* variava entre 32-41 e 33-44 dias, respetivamente, com uma média de 37,16 ± 4,99 e 39,96 ± 3,98 dias, respetivamente.

4.2.6 Longevidade dos adultos

Os dados sobre a longevidade dos adultos apresentados no quadro 4.3 são importantes não só pela sua influência na demografia, mas também porque determinam durante quanto tempo a praga estará ativa. De acordo com os dados acima apresentados, as fêmeas viveram mais tempo do que os machos. A longevidade das fêmeas adultas de *S. frugiperda* variou entre 9 e 13 dias, com uma duração média de 11,05 ± 1,36 dias, enquanto a longevidade dos machos adultos variou entre 7 e 11 dias, com uma duração média de 8,90 ± 1,30 dias.

Os resultados estão em conformidade com Ashok *et al.* (2020), que referiram que a longevidade adulta de machos e fêmeas de *S. frugiperda* variava entre 10-13 e 11-14 dias, com uma média de 11,10 ± 0,994 e 12,60 ± 1,075 dias, respetivamente. Kalyan *et al.* (2020) relataram que a média da longevidade adulta de machos e fêmeas de *S. frugiperda* foi de 10,67 e 13,00 dias, respetivamente. Ramzan *et al.* (2021) indicaram que a longevidade adulta de machos e fêmeas de *S. frugiperda* variava entre 7-9 e 9-11 dias, com uma média de 8,00 ± 0,66 e 10,00 ± 0,76 dias, respetivamente.

4.2.7 Período de pré-oviposição, período de oviposição e período pós-oviposição

O período de pré-oviposição das fêmeas de *S. frugiperda* no milho variou entre 3 e 5 dias, com uma duração média de 3,65 ± 0,79 dias. O período de oviposição variou entre 4 e 6 dias, com uma duração média de 5,10 ± 0,77 dias. Já o período de pós-oviposição variou entre 2 e 4 dias, com duração média de 3,05 ± 0,74 dias.

Os resultados são semelhantes aos de Ashok *et al.* (2020), que indicaram que o período de pré-oviposição, oviposição e pós-oviposição de *S. frugiperda* variou entre 3-5, 5-7 e 2-4 dias, respetivamente, com uma média de 3,90 ± 0,876, 6,10 ± 0,738 e 2,60 ± 0,699 dias, respetivamente. Kalyan *et al.* (2020) relataram que a média do período de pré-oviposição, oviposição e pós-oviposição de *S. frugiperda* foi de 3,47, 2,96 e 6,13 dias, respetivamente.

4.2.8 Fecundidade

O número de ovos postos por traça fêmea de *S. frugiperda* criada em milho variou entre 822 e 1394 ovos, com uma média de 1098 ± 175,73 ovos.

Kalyan *et al.* (2020) referiram que a média do número total de ovos postos por fêmea da lagarta-do-cartucho-do-milho, *S. frugiperda*, foi de 1662 ovos. Ashok *et al.* (2020) referiram que o número de ovos por fêmea de *S. frugiperda* variava entre 284 e 644 ovos, com uma média de 427,30 ± 128,474 ovos/fêmea.

Quadro 4.3: Biologia da lagarta-do-cartucho de outono, *Spodoptera frugiperda*, no milho

Sr. No.	Particular	Mean ± SD	Range
1.	Incubation period (days)	2.50 ± 0.50	2 to 3
2.	Larval period (days)		
	I instar	2.47 ± 0.50	2 to 3
	II instar	2.3 ± 0.46	2 to 3
	III instar	2.2 ± 0.40	2 to 3
	IV instar	2.10 ± 0.30	2 to 3
	V instar	2.43 ± 0.50	2 to 3
	VI instar	4.03 ± 0.66	3 to 5
	Total larval period	15.53 ± 0.81	14 to 17
4.	Pupal period (days)	8.07 ± 1.12	6 to 10
5.	Adult period (days)	10.30 ± 2.04	7 to 14
6.	Total developmental period (days)	36.4 ± 2.27	32 to 40
7.	Adult longevity (days)		
	Male	8.90 ± 1.30	7 to 11
	Female	11.05 ± 1.36	9 to 13
8.	Preoviposition period (days)	3.65 ± 0.79	3 to 5
9.	Oviposition period (days)	5.1 ± 0.77	4 to 6
10.	Postoviposition period (days)	3.05 ± 0.74	2 to 4
11.	Fecundity	1098 ± 175.73	822 to 1394

4.3. Gestão ecológica dos principais insectos pragas do milho

4.3.1 Eficácia dos biopesticidas contra a população de larvas de *Spodoptera frugiperda* no milho após a primeira pulverização

As observações apresentadas no quadro 4.4 revelaram que,

No tratamento principal

A pré-contagem da população larvar da lagarta do cartucho, *S. frugiperda*, por cada dez plantas mostrou que o tratamento principal, aplicação granular com carbofurão (2,95) foi superior aos outros dois tratamentos principais. O segundo melhor tratamento principal foi o tratamento de sementes com ciantraniliprole + tiametoxame (3,44), que foi igual ao tratamento principal, sem tratamento (3,76).

As observações relatadas sobre a população larvar da lagarta-do-cartucho de outono por dez plantas aos três dias após a pulverização mostraram que o tratamento principal, aplicação granular com carbofurano (2,6) foi superior ao tratamento principal, tratamento de sementes com Cyantraniliprole + tiametoxam (3,23), que foi igual ao tratamento principal, sem tratamento (3,55).

As observações relatadas sobre a população larvar da lagarta-do-cartucho de outono por dez plantas aos sete dias após a pulverização mostraram que o tratamento principal, aplicação granular com carbofurano (2,15) foi superior ao resto dos dois tratamentos principais tratamento de sementes com ciantraniliprole + tiametoxame e sem tratamento. A população máxima de larvas foi registada no tratamento principal, sem tratamento (3,32).

As observações relatadas sobre a população larvar da lagarta-do-cartucho de outono por dez plantas aos catorze dias após a pulverização mostraram que o tratamento principal, aplicação granular com carbofurano (2,41) foi superior ao resto dos dois tratamentos principais tratamento de sementes com ciantraniliprole + tiametoxame e sem tratamento. A população máxima de larvas foi registada no tratamento principal, sem tratamento (3,65).

Em subtratamento

A contagem prévia da população de larvas da lagarta-do-cartucho de outono *S. frugiperda* por dez plantas não foi significativa, mostrando uma distribuição uniforme da infestação das plantas antes da pulverização.

Os dados da população larvar da lagarta do cartucho por dez plantas registados no terceiro dia após a pulverização revelaram que todos os tratamentos foram superiores aos não tratados na redução da população de larvas da lagarta do cartucho. *Metarhizium* anisopliae (2,96) registou a população mínima de larvas de lagarta-do-cartucho de outono e foi igual à azadiractina 3000ppm (3,0), *Beauveria bassiana* (3,02) e *B. bassiana+M. anisopliae* (3,02). O não tratado registou o número máximo de população larvar (3,62).

Os dados da população de larvas de lagarta-do-cartucho por dez plantas registados no sétimo dia após a pulverização revelaram que todos os tratamentos foram superiores aos não tratados na redução da população de larvas de lagarta-do-cartucho. *O Metarhizium* anisopliae (2,36) registou a população mínima de larvas de lagarta-do-cartucho de outono e foi igual ao *Beauveria bassiana* (2,4), azadiractina 3000ppm (2,53) e *B. bassiana* + *M. anisopliae* (2,62). O não tratado registou o número máximo de população larvar (3,96).

Os dados da população de larvas de lagarta-do-cartucho por dez plantas registados catorze dias após a pulverização revelaram que todos os tratamentos foram superiores aos não tratados na redução da população de larvas de lagarta-do-cartucho. *O Metarhizium* anisopliae (2,58) registou a população mínima de larvas de lagarta-do-cartucho e foi igual ao *Beauveria bassiana* (2,67), *B. bassiana* + *M. anisopliae* (2,91) e azadiractina 3000ppm (2,93). O não tratado registou o número máximo de população larvar (4,29).

Quadro 4.4: Eficácia dos biopesticidas contra a lagarta-do-cartucho *Spodoptera frugiperda* no milho após a primeira pulverização

Treatment	No. of larvae/10 plants			
	Pre-count	3 DAS	7 DAS	14 DAS
Main treatment (M)				
M_1 (Seed treatment with cyantraniliprole+ thiamethoxam@ 6ml/kg)	3.44	3.23	2.85	3.16
M_2 (Granular application with carbofuran 3G @ 33kg/ha)	2.95	2.60	2.15	2.41
M_3 (without treatment)	3.76	3.55	3.32	3.65
S.Em±	0.09	0.09	0.08	0.08
C.D at 5%	0.36	0.34	0.31	0.32
Sub- treatment (T)				
T_1 (Azadirachtin 3000ppm)	3.36	3.0	2.53	2.93
T_2 (*Beauveria bassiana* 1×10^9 cfu/g)	3.36	3.02	2.4	2.67
T_3 (*Metarhizium anisopliae* 1×10^9 cfu/g)	3.38	2.96	2.36	2.58
T_4 (*Beauveria bassiana+ Metarhizium anisopliae* 1×10^9 cfu/g)	3.38	3.02	2.62	2.91
T_5 (Untreated)	3.44	3.62	3.96	4.29
S.Em±	0.14	0.13	0.11	0.12
C.D at 5%	NS	0.36	0.32	0.36
Interaction (M x T)				
S.Em±	0.23	0.22	0.19	0.21
C.D at 5%	NS	NS	NS	NS
G.M.	3.38	3.12	2.77	3.08

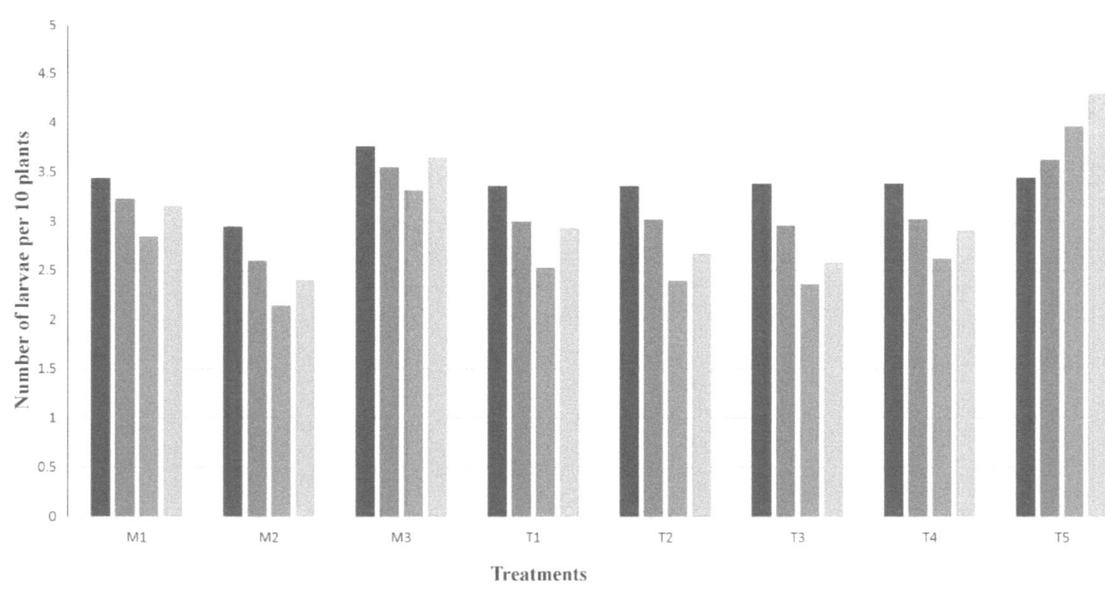

Fig. 4.3 Efficacy of biopesticides against larval population of fall armyworm *Spodoptera frugiperda* on maize after first spraying

Interação

A observação da população larvar da lagarta do cartucho mostrou que a interação entre os tratamentos principais e os subtratamentos não foi significativa.

4.3.2 Eficácia dos biopesticidas contra a população de larvas de *Spodoptera frugiperda* no milho após a segunda pulverização

A observação apresentada no quadro 4.5 revelou que,

No tratamento principal

A pré-contagem da população larvar da lagarta-do-cartucho, *S. frugiperda*, por cada dez plantas mostrou que o tratamento principal, aplicação granular com carbofurão (2,41) foi superior aos outros dois tratamentos principais, tratamento de sementes com ciantraniliprole + tiametoxame e sem tratamento. A população máxima de larvas foi registada no tratamento principal, sem tratamento (3,65).

As observações relatadas sobre a população larvar da lagarta-do-cartucho de outono por dez plantas aos três dias após a pulverização mostraram que o tratamento principal, aplicação granular com carbofurano (2,2), foi superior aos outros dois tratamentos principais tratamento de sementes com ciantraniliprole + tiametoxame e sem tratamento. A população máxima de larvas foi registada no tratamento principal, sem tratamento (3,43).

As observações relatadas sobre a população larvar da lagarta-do-cartucho de outono por dez plantas aos sete dias após a pulverização mostraram que o tratamento principal, a aplicação granular com carbofurano (2,0) foi superior aos outros dois tratamentos principais, o tratamento de sementes com ciantraniliprole + tiametoxame e sem tratamento. O tratamento principal, sem tratamento, registou a população larvar máxima (3,16).

As observações relatadas sobre a população larvar da lagarta-do-cartucho de outono por dez plantas aos catorze dias após a pulverização mostraram que o tratamento principal, a aplicação granular com carbofurano (2,31) foi superior aos outros dois tratamentos principais, o tratamento de sementes com ciantraniliprole + tiametoxame e sem tratamento. A população larvar máxima (3,43) foi registada no tratamento principal, sem tratamento.

Em subtratamento

A observação da população de larvas de lagarta-do-cartucho de outono por dez plantas, efectuada antes da segunda pulverização, revelou que todos os tratamentos foram superiores aos não tratados na redução da população de larvas de lagarta-do-cartucho de outono. *O Metarhizium* anisopliae (2,58) registou a população mínima de larvas de lagarta-do-cartucho e foi igual ao *Beauveria bassiana* (2,67), *B. bassiana + M. anisopliae* (2,91) e azadiractina 3000ppm (2,93). O não tratado registou o número máximo de população larvar (4,29).

Os dados da população de larvas de lagarta-do-cartucho por dez plantas registados três dias após a pulverização revelaram que todos os tratamentos foram superiores aos não tratados na redução da população de larvas de lagarta-do-cartucho. *O Metarhizium* anisopliae (2,2) registou a população mínima de larvas de lagarta-do-cartucho e foi igual ao *Beauveria bassiana* (2,36). O *B. bassiana* (2,36) foi igual ao *B. bassiana + M. anisopliae* (2,62) e azadiractina 3000ppm (2,62). O não tratado registou o número máximo de população larvar (4,51).

Os dados da população de larvas de lagarta-do-cartucho por dez plantas registados sete dias após a pulverização revelaram que todos os tratamentos foram superiores aos não tratados na redução da população de larvas de lagarta-do-cartucho. *O Metarhizium* anisopliae (1,78) registou a população mínima de larvas de lagarta-do-cartucho e foi igual ao *Beauveria bassiana* (1,96). O segundo melhor tratamento foi *B. bassiana+ M. anisopliae* (2,27), que foi igual ao azadiractina 3000ppm (2,31). O não tratado registou o número máximo de população larvar (4,76).

Os dados da população de larvas de lagarta-do-cartucho por dez plantas registados catorze dias após a pulverização revelaram que todos os tratamentos foram superiores aos não tratados na redução da população de larvas de lagarta-do-cartucho. *O Metarhizium* anisopliae (2,07) registou a população mínima de larvas de lagarta-do-cartucho e foi igual ao *Beauveria bassiana* (2,27) e superior aos outros tratamentos. A *B. bassiana* (2,27) estava a par da *B. bassiana+ M. anisopliae* (2,53), que estava a par da azadiractina 3000ppm (2,58). O não tratado registou o número máximo de população larvar (5,09).

Interação

A observação da população larvar da lagarta do cartucho mostrou que a interação entre os tratamentos principais e os subtratamentos não foi significativa.

Quadro 4.5: Eficácia dos biopesticidas contra a lagarta-do-cartucho *Spodoptera frugiperda* no milho após a segunda pulverização

Treatment	No. of larvae/10 plants			
	Pre-count	3 DAS	7 DAS	14 DAS
Main treatment (M)				
M_1 (Seed treatment with cyantraniliprole+ thiamethoxam@ 6ml/kg)	3.16	2.96	2.68	2.99
M_2 (Granular application with carbofuran 3G @ 33kg/ha)	2.41	2.20	2.00	2.31
M_3 (without treatment)	3.65	3.43	3.16	3.43
S.Em±	0.08	0.08	0.07	0.06
C.D at 5%	0.31	0.32	0.30	0.26
Sub- treatment (T)				
T_1 (Azadirachtin 3000ppm)	2.93	2.62	2.31	2.58
T_2 (*Beauveria bassiana* 1 x 10^9 cfu/g)	2.67	2.36	1.96	2.27
T_3 (*Metarhizium anisopliae* 1 x 10^9 cfu/g)	2.58	2.2	1.78	2.07
T_4 (*Beauveria bassiana+ Metarhizium anisopliae* 1 x 10^9 cfu/g)	2.91	2.62	2.27	2.53
T_5 (Untreated)	4.29	4.51	4.76	5.09
S.Em±	0.12	0.11	0.08	0.10
C.D at 5%	0.35	0.33	0.25	0.29
Interaction (M x T)				
S.Em±	0.213	0.19	0.15	0.17
C.D at 5%	NS	NS	NS	NS
G.M.	3.08	2.86	2.61	2.90

4.3.3 Eficácia dos biopesticidas contra a população de larvas de lagarta do cartucho

Spodoptera frugiperda **em milho após a terceira pulverização**

A observação apresentada no quadro 4.6 revelou que,

No tratamento principal

A pré-contagem da população larvar da lagarta-do-cartucho, *S. frugiperda*, por cada dez plantas mostrou que o tratamento principal, aplicação granular com carbofurão (2,31) foi superior aos restantes dois tratamentos principais, tratamento de sementes com ciantraniliprole + tiametoxame e sem tratamento. A população máxima de larvas (3,43) foi registada no tratamento principal, sem tratamento.

As observações relatadas sobre a população larvar da lagarta-do-cartucho de outono por dez plantas aos três dias após a pulverização mostraram que o tratamento principal, aplicação granular com carbofurano (2,09) foi superior ao resto dos dois tratamentos principais tratamento de sementes com ciantraniliprole + tiametoxame e sem tratamento. A população máxima de larvas foi registada no tratamento principal, sem tratamento (3,23).

As observações relatadas sobre a população larvar da lagarta-do-cartucho de outono por dez plantas aos sete dias após a pulverização mostraram que o tratamento principal, aplicação granular com carbofurano (1,84) foi superior ao resto dos dois tratamentos principais tratamento de sementes com ciantraniliprole + tiametoxame e sem tratamento. A população máxima de larvas foi registada no tratamento principal, sem tratamento (3,03).

As observações relatadas sobre a população larvar da lagarta-do-cartucho de outono por dez plantas aos catorze dias após a pulverização mostraram que o tratamento principal, aplicação granular com carbofurano (2,03) foi superior ao resto dos dois tratamentos principais tratamento de sementes com ciantraniliprole + tiametoxame e sem tratamento. A população larvar máxima (3,23) foi registada no tratamento principal, sem tratamento.

Em subtratamento

A observação da população de larvas de lagarta-do-cartucho de outono por dez plantas, efectuada antes da terceira pulverização, revelou que todos os tratamentos foram superiores aos não tratados na redução da população de larvas de lagarta-do-cartucho de outono. *O Metarhizium* anisopliae (2,07) registou a população mínima de larvas de lagarta-do-cartucho e foi igual ao *Beauveria bassiana* (2,27) e superior aos outros tratamentos. A *B. bassiana* (2,27) estava a par da *B. bassiana+ M. anisopliae* (2,53), que estava a par da azadiractina 3000ppm (2,58). O não tratado registou o número máximo de população larvar (5,09).

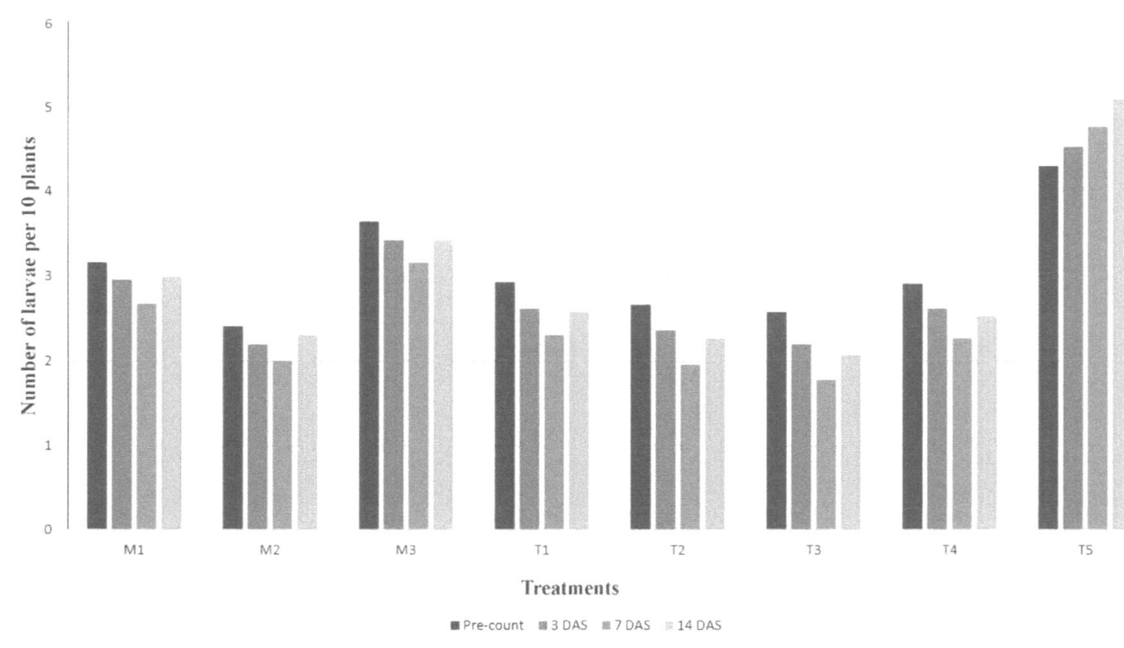

Fig. 4.4 Efficacy of biopesticides against larval population of fall armyworm *Spodoptera frugiperda* on maize after second spraying

Quadro 4.6: Eficácia dos biopesticidas contra a lagarta-do-cartucho *Spodoptera frugiperda* no milho após a terceira pulverização

Treatment	No. of larvae/10 plants			
	Pre-count	3 DAS	7 DAS	14 DAS
Main treatment (M)				
M_1 (Seed treatment with cyantraniliprole+ thiamethoxam@ 6ml/kg)	2.99	2.79	2.47	2.67
M_2 (Granular application with carbofuran 3G @ 33kg/ha)	2.31	2.09	1.84	2.03
M_3 (without treatment)	3.43	3.23	3.03	3.23
S.Em±	0.06	0.08	0.06	0.07
C.D at 5%	0.26	0.32	0.26	0.29
Sub- treatment (T)				
T_1 (Azadirachtin 3000ppm)	2.58	2.24	1.87	2.07
T_2 (*Beauveria bassiana* 1 x 10^9 cfu/g)	2.27	1.93	1.51	1.64
T_3 (*Metarhizium anisopliae* 1 x 10^9 cfu/g)	2.07	1.73	1.29	1.51
T_4 (*Beauveria bassiana*+ *Metarhizium anisopliae* 1 x 10^9 cfu/g)	2.53	2.22	1.8	2.0
T_5 (Untreated)	5.09	5.38	5.76	5.98
S.Em±	0.10	0.09	0.07	0.08
C.D at 5%	0.29	0.26	0.22	0.23
Interaction (M x T)				
S.Em±	0.175	0.15	0.13	0.13
C.D at 5%	NS	NS	NS	NS
G.M.	2.90	2.70	2.44	2.64

Os dados da população de larvas de lagarta-do-cartucho por dez plantas registados três dias após a pulverização revelaram que todos os tratamentos foram superiores aos não tratados na redução da população de larvas de lagarta-do-cartucho. *O Metarhizium* anisopliae (1,73) registou a população mínima de larvas de lagarta-do-cartucho e foi igual ao *Beauveria bassiana* (1,93). O segundo melhor tratamento foi *B. bassiana*+ *M. anisopliae* (2,22) e foi igual ao azadiractina 3000ppm (2,24). O não tratado registou o número máximo de população larvar (5,38).

Os dados da população de larvas de lagarta-do-cartucho por dez plantas registados sete dias após a pulverização revelaram que todos os tratamentos foram superiores aos não tratados na redução da população de larvas de lagarta-do-cartucho. *O Metarhizium* anisopliae (1,29) registou a população mínima de larvas de lagarta-do-cartucho e foi igual ao *Beauveria bassiana* (1,51). O segundo melhor tratamento foi *B. bassiana+ M. anisopliae* (1,8), que foi igual a azadiractina 3000ppm (1,87). O não tratado registou o número máximo de população larvar (5,76).

Os dados da população de larvas de lagarta-do-cartucho por dez plantas registados catorze dias após a pulverização revelaram que todos os tratamentos foram superiores aos não tratados na redução da população de larvas de lagarta-do-cartucho. *O Metarhizium* anisopliae (1,51) registou a população mínima de larvas de lagarta-do-cartucho e foi igual ao *Beauveria bassiana* (1,64). O segundo melhor tratamento foi *B. bassiana+ M. anisopliae* (2,0) e foi igual ao azadiractina 3000ppm (2,07). O não tratado registou o número máximo de população larvar (5,98).

Interação

A observação da população larvar da lagarta do cartucho mostrou que a interação entre os tratamentos principais e os subtratamentos não foi significativa.

Os resultados das três pulverizações acima referidas revelaram que o tratamento principal, aplicação granular com carbofurão (2,03 larvas/10 plantas), registou a população larvar mínima de *S. fugiperda* no final das pulverizações. Da mesma forma, o subtratamento *Metarhizium anisopliae* (1,51 larvas/10 plantas) apresentou o melhor resultado com a população larvar mínima de *S. fugiperda* no final das três pulverizações e foi igual ao subtratamento *Beauveria bassiana* (1,64 larvas/10 plantas).

Os resultados estão em estreita conformidade com os resultados de Dhobi *et al.* (2020), que concluíram que os tratamentos *B. bassiana* 5% WP (2,42 larvas/10 plantas), azadiractina 1500 ppm (2,46 larvas/10 plantas) e o próximo melhor tratamento *M. anisopliae* 1,15% WP (2,78 larvas/10 plantas) foram eficazes no controlo dos danos causados pela lagarta-do-cartucho, *S. frugiperda*. Todos os tratamentos foram considerados os melhores em comparação com o controlo (6,79 larvas/10 plantas) na redução dos danos causados às plantas pela lagarta do cartucho, *S. frugiperda*.

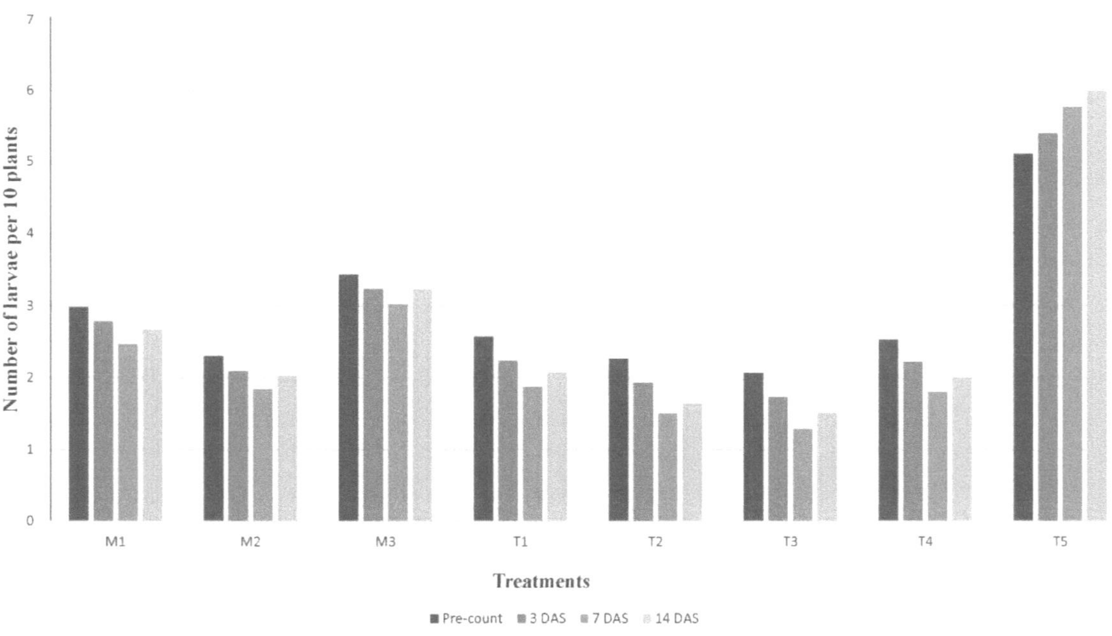

Fig. 4.5 Efficacy of biopesticides against larval population of fall armyworm *Spodoptera frugiperda* on maize after third spraying

Suthar *et al.* (2020) concluíram que os insecticidas granulares foram eficazes contra a lagarta-do-cartucho do milho. O carbofurano (1,96 larvas/10 plantas) revelou-se um tratamento mais eficaz do que a testemunha (6,58 larvas/10 plantas) contra a lagarta-do-cartucho do milho.

Shinde *et al.* (2021) referiram que a média de larvas por planta da lagarta-do-cartucho, *S. Jrugiiperda*, controlada nos tratamentos *M. anisopliae* (1,1 larvas/planta), *B. bassiana* (1,16 larvas/planta) e carbofurão (1,33 larvas/planta) foi eficaz no controlo dos danos, em comparação com o controlo não tratado (2,46 larvas/planta).

Ahir *et al.* (2021) relataram que os tratamentos *B. bassiana* (0,67 larvas/planta), *M. anisopliae* (0,73 larvas/planta) e azadiractina 10000 ppm (0,97 larvas/planta) foram considerados eficazes em relação ao controlo não tratado (1,52 larvas/planta) no controlo de *S. frugiperda.*

4.3.3 Eficácia dos biopesticidas contra a percentagem de danos causados por *Spodoptera frugiperda* no milho após a primeira pulverização

A observação apresentada no quadro 4.7 revelou que,

No tratamento principal

A pré-contagem da percentagem de danos nas plantas da lagarta-do-cartucho, *S. frugiperda*, mostrou que o tratamento principal, aplicação granular com carbofurão (22,89) foi superior aos outros dois tratamentos principais, tratamento de sementes com ciantraniliprole + tiametoxame e sem tratamento. A percentagem máxima de danos nas plantas foi registada no tratamento principal, sem tratamento (39,24).

As observações relativas à percentagem de danos causados às plantas pela lagarta-do-cartucho aos três dias após a pulverização mostraram que o tratamento principal, a aplicação granular com carbofurão (20,17), foi superior aos outros dois tratamentos principais, o tratamento de sementes com ciantraniliprole + tiametoxame e sem tratamento. A percentagem máxima de danos nas plantas foi registada no tratamento principal, sem tratamento (36,69).

As observações relativas à percentagem de danos causados às plantas pela lagarta-do-cartucho aos sete dias após a pulverização mostraram que o tratamento principal, a aplicação granular com carbofurão (17,68), foi superior aos outros dois tratamentos principais, o tratamento de sementes com ciantraniliprole + tiametoxame e sem tratamento. A percentagem máxima de danos nas plantas foi registada no tratamento principal, sem tratamento (34,02).

As observações relativas à percentagem de danos causados às plantas pela lagarta-do-cartucho aos catorze dias após a pulverização mostraram que o tratamento principal, a aplicação granular com carbofurão (20,43), foi superior aos outros dois tratamentos principais, o tratamento de sementes com ciantraniliprole + tiametoxame e sem tratamento. A percentagem máxima de danos nas plantas foi registada no tratamento principal, sem tratamento (36,7).

Em subtratamento

A contagem prévia da percentagem de danos nas plantas da lagarta do cartucho *S. frugiperda* não foi significativa, mostrando uma distribuição uniforme dos danos nas plantas antes da pulverização.

Os dados registados no terceiro dia após a pulverização revelaram que todos os tratamentos foram superiores aos não tratados na redução da percentagem de danos nas plantas da lagarta do cartucho. *O Metarhizium* anisopliae (27,05) registou a percentagem mínima de danos nas plantas da lagarta-do-cartucho e foi igual ao azadiractina 3000ppm (27,53), *B. bassiana+ M. anisopliae* (27,53) e *Beauveria bassiana* (27,92). O não tratado registou a percentagem máxima de danos nas plantas (34,01).

Os dados registados no sétimo dia após a pulverização revelaram que todos os tratamentos foram superiores aos não tratados na redução da percentagem de danos causados às plantas pela lagarta-do-cartucho. *O Metarhizium* anisopliae (22,31) registou a percentagem mínima de danos nas plantas da lagarta-do-cartucho e ficou a par do *Beauveria bassiana* (22,7) e da azadiractina 3000ppm (24,63). A azadiractina 3000ppm (24,63) foi igual à *B. bassiana + M. anisopliae* (25,15). O não tratado registou a percentagem máxima de danos nas plantas (36,22).

Os dados registados catorze dias após a pulverização revelaram que todos os tratamentos foram superiores aos não tratados na redução da percentagem de danos nas plantas da lagarta do cartucho. *O Metarhizium* anisopliae (24,25) registou a percentagem mínima de danos nas plantas da lagarta-do-cartucho e foi igual ao *Beauveria bassiana*

(25,02). A *B. bassiana* (25,02) foi equiparada à *B. bassiana* + *M. anisopliae* (27,05) e à azadiractina 3000ppm (27,34). O não tratado registou a percentagem máxima de danos nas plantas (39,06).

Quadro 4.7: Eficácia dos biopesticidas contra a percentagem de danos causados pela lagarta do cartucho *Spodoptera frugiperda* no milho após a primeira pulverização

Treatment	Per cent plant damage			
	Pre-count	3 DAS	7 DAS	14 DAS
Main treatment (M)				
M₁ (Seed treatment with cyantraniliprole+ thiamethoxam@ 6ml/kg)	33.97	29.56	26.91	28.51
M₂ (Granular application with carbofuran 3G @ 33kg/ha)	22.89	20.17	17.68	20.43
M₃ (without treatment)	39.24	36.69	34.02	36.70
S.Em±	1.06	0.82	0.81	0.82
C.D at 5%	4.15	3.23	3.17	3.2
Sub- treatment (T)				
T₁ (Azadirachtin 3000ppm)	31.98	27.53	24.63	27.34
T₂ (*Beauveria bassiana* 1 x 10⁹ cfu/g)	31.98	27.92	22.70	25.02
T₃ (*Metarhizium anisopliae* 1 x 10⁹ cfu/g)	31.88	27.05	22.31	24.25
T₄ (*Beauveria bassiana*+ *Metarhizium anisopliae* 1 x 10⁹ cfu/g)	31.49	27.53	25.15	27.05
T₅ (Untreated)	32.94	34.01	36.22	39.06
S.Em±	1.07	1.15	0.82	0.95
C.D at 5%	NS	3.36	2.38	2.78
Interaction (M x T)				
S.Em±	1.85	1.99	1.41	1.65
C.D at 5%	NS	NS	4.128	NS
G.M.	32.03	28.81	26.20	28.55

Interação

A interação entre os tratamentos principais e os subtratamentos na observação da percentagem de danos causados às plantas pela lagarta-do-cartucho-do-milho mostrou que a pré-contagem, três dias após a pulverização e catorze dias após a pulverização não eram significativos.

A interação entre os tratamentos principais e os subtratamentos na observação da percentagem de danos causados às plantas pela lagarta-do-cartucho-do-milho mostrou um resultado significativo sete dias após a pulverização.

A observação sobre a percentagem de danos às plantas da lagarta-do-cartucho de outono é apresentada na tabela 4.8, revelando que o tratamento M2T3-carbofurano com Metarhizium *anisopliae* (13,04) registou a percentagem mínima de danos às plantas da lagarta-do-cartucho de outono e estava a par com os tratamentos M2T2-carbofurano com *Beauveria bassiana* (14,49) e M2T1- carbofurano com azadiractina 3000ppm (15,94). O melhor tratamento seguinte foi o M2T4- carbofurão com *B. bassiana*+ *M. anisopliae* (20,29), que foi igual aos tratamentos M T_{13} - ciantraniliprole+ tiametoxame com *M. anisopliae* (22,02), M T_{12} - ciantraniliprole + tiametoxame com *B. bassiana* (23,18) e M1T4- ciantraniliprole + tiametoxame com *B. bassiana* + *M. anisopliae* (24,15). Seguidos pelos tratamentos M3T2-sem tratamento com *B. bassiana* como subtratamento (30,43), que foi igual ao M T_{34} -sem tratamento com *B. bassiana*+ *M. anisopliae* como subtratamento (31,01), M3T3-sem tratamento com M. *anisopliae* como subtratamento (31,88) e M3T1- sem tratamento com azadiractina 3000ppm como subtratamento (33,33). A percentagem máxima de danos foi observada no M3T5 sem tratamento (43,47), que foi igual ao M1T5- sem tratamento com ciantraniliprole + tiametoxame como tratamento principal (40,57).

Quadro 4.8: Interação dos tratamentos principais com os subtratamentos sete dias após a pulverização

Treatments	T1	T2	T3	T4	T5	Mean
M1	24.63	23.18	22.02	24.15	40.57	26.91
M2	15.94	14.49	13.04	20.29	24.63	17.68
M3	33.33	30.43	31.88	31.01	43.47	34.02
Mean	24.63	22.7	22.31	25.15	36.22	26.2

4.3.5 Eficácia dos biopesticidas contra a percentagem de danos causados pela lagarta-do-cartucho *Spodoptera frugiperda* no milho após a segunda pulverização

A observação apresentada no quadro 4.9 revelou que,

No tratamento principal

A pré-contagem da percentagem de danos nas plantas da lagarta-do-cartucho, *S. frugiperda*, mostrou que o tratamento principal, a aplicação granular com carbofurão (20,43) foi superior aos restantes dois tratamentos principais, o tratamento de sementes com ciantraniliprole+

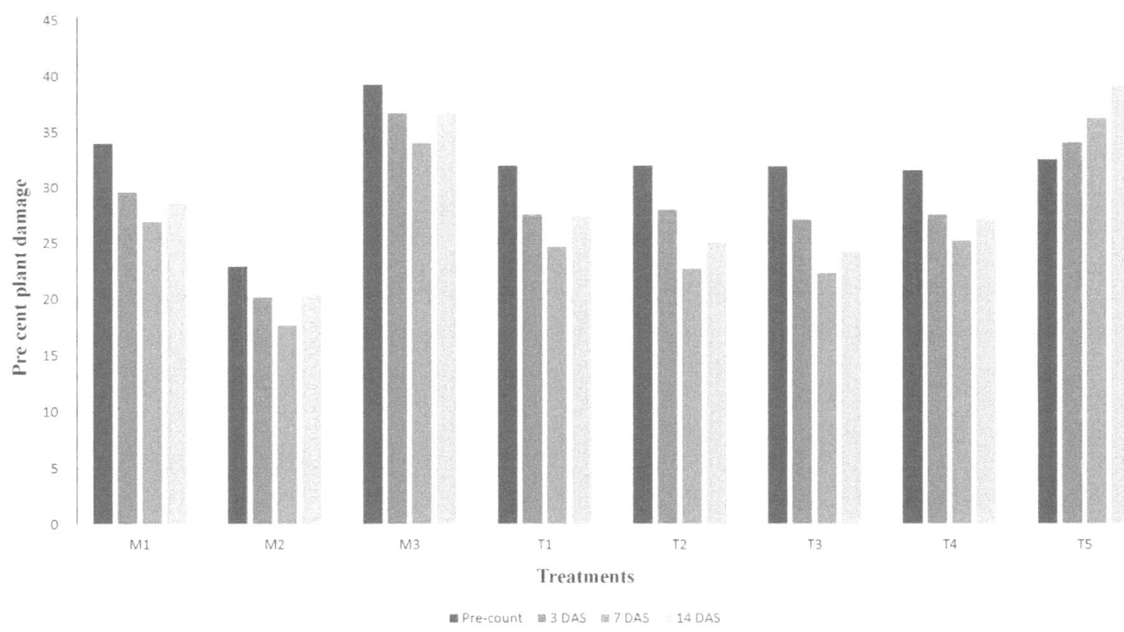

Fig. 4.6 Efficacy of biopesticides against per cent plant damage caused by fall armyworm *Spodoptera frugiperda* on maize after first spraying

thiamethoxam e sem tratamento. A percentagem máxima de danos nas plantas foi registada no tratamento principal, sem tratamento (36,7).

As observações relativas à percentagem de danos causados às plantas pela lagarta-do-cartucho aos três dias após a pulverização mostraram que o tratamento principal, a aplicação granular com carbofurão (19,88), foi superior aos restantes dois tratamentos principais, o tratamento de sementes com ciantraniliprole + tiametoxame e sem tratamento. A percentagem máxima de danos nas plantas foi registada no tratamento principal, sem tratamento (35,01).

As observações relativas à percentagem de danos causados às plantas pela lagarta-do-cartucho aos sete dias após a pulverização mostraram que o tratamento principal, a aplicação granular com carbofurão (18,26), foi superior aos restantes dois tratamentos principais, o tratamento de sementes com ciantraniliprole + tiametoxame e sem tratamento. A percentagem máxima de danos nas plantas foi registada no tratamento principal, sem tratamento (33,1).

As observações relativas à percentagem de danos causados às plantas pela lagarta-do-cartucho aos catorze dias após a pulverização mostraram que o tratamento principal, a aplicação granular com carbofurão (19,77), foi superior aos restantes dois tratamentos principais, o tratamento de sementes com ciantraniliprole + tiametoxame e sem tratamento. A percentagem máxima de danos nas plantas foi registada no tratamento principal, sem tratamento (34,78).

Em subtratamento

Os dados de pré-contagem registados um dia antes da segunda pulverização revelaram que todos os tratamentos foram superiores aos não tratados na redução da percentagem de danos nas plantas da lagarta do cartucho. *O Metarhizium* anisopliae (24,25) registou a percentagem mínima de danos nas plantas da lagarta-do-cartucho e foi igual ao *Beauveria bassiana* (25,02). A *B. bassiana* (25,02) foi equiparada à *B. bassiana* + *M. anisopliae* (27,05) e à azadiractina 3000ppm (27,34). O não tratado registou a percentagem máxima de danos nas plantas (39,06).

Os dados registados três dias após a pulverização revelaram que todos os tratamentos foram superiores aos não tratados na redução da percentagem de danos nas plantas da lagarta do cartucho. *O Metarhizium* anisopliae (21,83) registou a percentagem mínima de danos nas plantas da lagarta-do-cartucho e foi igual ao *Beauveria bassiana* (22,31) e superior aos outros tratamentos. A *B. bassiana* (22,31) estava a par da *B. bassiana + M. anisopliae* (25,21), que estava a par da azadiractina 3000ppm (26,18). O não tratado registou a percentagem máxima de danos nas plantas (42,12).

Quadro 4.9: Eficácia dos biopesticidas contra a percentagem de danos causados pela lagarta do cartucho *Spodoptera frugiperda* no milho após a segunda pulverização

Treatment	Per cent plant damage			
	Pre-count	3 DAS	7 DAS	14 DAS
Main treatment (M)				
M_1 (Seed treatment with cyantraniliprole+ thiamethoxam@ 6ml/kg)	28.51	27.7	25.85	27.88
M_2 (Granular application with carbofuran 3G @ 33kg/ha)	20.43	19.88	18.26	19.77
M_3 (without treatment)	36.70	35.01	33.10	34.78
S.Em±	0.81	0.79	0.74	0.72
C.D at 5%	3.2	3.13	2.94	2.83
Sub- treatment (T)				
T_1 (Azadirachtin 3000ppm)	27.34	26.18	23.76	24.73
T_2 (*Beauveria bassiana* 1 x 10^9 cfu/g)	25.02	22.31	19.71	21.25
T_3 (*Metarhizium anisopliae* 1 x 10^9 cfu/g)	24.25	21.83	18.45	19.32
T_4 (*Beauveria bassiana+ Metarhizium anisopliae* 1 x 10^9 cfu/g)	27.05	25.21	22.51	23.76
T_5 (Untreated)	39.06	42.12	44.25	48.31
S.Em±	0.95	1.08	0.90	0.88
C.D at 5%	2.78	3.16	2.64	2.58
Interaction (M x T)				
S.Em±	1.65	1.87	1.57	1.53
C.D at 5%	NS	NS	NS	NS
G.M.	28.55	27.53	25.74	27.48

Os dados registados sete dias após a pulverização revelaram que todos os tratamentos foram superiores aos não tratados na redução da percentagem de danos causados às plantas pela lagarta do cartucho. *O Metarhizium* anisopliae (18,45) registou a percentagem mínima de danos nas plantas da lagarta-do-cartucho e foi igual ao *Beauveria bassiana* (19,71). O segundo melhor tratamento foi *B. bassiana+ M. anisopliae* (22,51), que foi igual ao azadiractina 3000ppm (23,76). O não tratado registou a percentagem máxima de danos nas plantas (44,25).

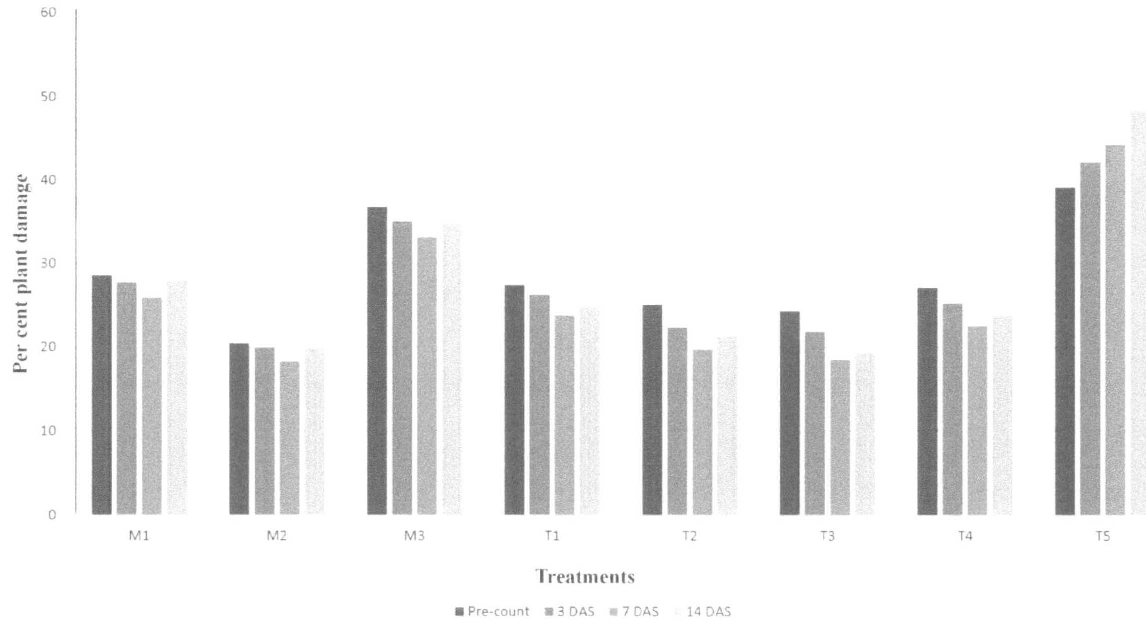

Fig. 4.7 Efficacy of biopesticides against per cent plant damage caused by fall armyworm *Spodoptera frugiperda* on maize after second spraying

Os dados registados catorze dias após a pulverização revelaram que todos os tratamentos foram superiores aos não tratados na redução da percentagem de danos nas plantas da lagarta do cartucho. *O Metarhizium* anisopliae (19,32) registou a percentagem mínima de danos nas plantas da lagarta-do-cartucho e foi igual ao *Beauveria bassiana* (21,25). A *B. bassiana* (21,25) estava a par com a *B. bassiana + M. anisopliae* (23,76), que estava a par com a azadiractina 3000ppm (24,73). O não tratado registou a percentagem máxima de danos nas plantas (48,31).

Interação

A interação entre os tratamentos principais e os subtratamentos na observação da percentagem de danos causados às plantas pela lagarta do cartucho não foi significativa.

4.3.6 Eficácia dos biopesticidas contra a percentagem de danos causados por *Spodoptera frugiperda* no milho após a terceira pulverização

A observação apresentada no quadro 4.10 revelou que,

No tratamento principal

A pré-contagem da percentagem de danos nas plantas da lagarta-do-cartucho, *Spodoptera frugiperda*, mostrou que o tratamento principal, aplicação granular com carbofurão (19,77) foi superior aos outros dois tratamentos principais, tratamento de sementes com ciantraniliprole + tiametoxame e sem tratamento. A percentagem máxima de danos nas plantas foi registada no tratamento principal, sem tratamento (34,78).

As observações relativas à percentagem de danos causados às plantas pela lagarta-do-cartucho aos três dias após a pulverização mostraram que o tratamento principal, a aplicação granular com carbofurão (18,78), foi superior aos outros dois tratamentos principais, o tratamento de sementes com ciantraniliprole + tiametoxame e sem tratamento. A percentagem máxima de danos nas plantas foi registada no tratamento principal, sem tratamento (32,63).

As observações relativas à percentagem de danos causados às plantas pela lagarta-do-cartucho aos sete dias após a pulverização mostraram que o tratamento principal, a aplicação granular com carbofurão (17,32), foi superior aos outros dois tratamentos principais, o tratamento de sementes com ciantraniliprole + tiametoxame e sem tratamento. A percentagem máxima de danos nas plantas foi registada no tratamento principal, sem tratamento (30,72).

As observações relatadas sobre a percentagem de danos nas plantas da lagarta-do-cartucho aos catorze dias após a pulverização mostraram que o tratamento principal, aplicação granular com carbofurano (18,72) foi superior aos outros dois tratamentos principais, tratamento de sementes com ciantraniliprole + tiametoxame e sem tratamento. A percentagem máxima de danos nas plantas foi registada no tratamento principal, sem (32,17).

Em subtratamento

Os dados de pré-contagem registados um dia antes da terceira pulverização revelaram que todos os tratamentos foram superiores aos não tratados na redução da percentagem de danos nas plantas da lagarta do cartucho. *O Metarhizium* anisopliae (19,32) registou a percentagem mínima de danos nas plantas da lagarta-do-cartucho e foi igual ao *Beauveria bassiana* (21,25). A *B. bassiana* (21,25) estava a par da *B. bassiana+M. anisopliae* (23,76), que estava a par da azadiractina 3000ppm (24,73). O não tratado registou a percentagem máxima de danos nas plantas (48,31).

Os dados registados três dias após a pulverização revelaram que todos os tratamentos foram superiores aos não tratados na redução da percentagem de danos nas plantas da lagarta do cartucho. *O Metarhizium* anisopliae (17,1) registou a percentagem mínima de danos nas plantas da lagarta-do-cartucho e foi igual ao *Beauveria bassiana* (17,97). O segundo melhor tratamento foi *B. bassiana + M. anisopliae* (21,35), que foi igual ao azadiractina 3000ppm (22,8). O não tratado registou a percentagem máxima de danos nas plantas (50,24).

Os dados registados sete dias após a pulverização revelaram que todos os tratamentos foram superiores aos não tratados na redução da percentagem de danos causados às plantas pela lagarta-do-cartucho. *O Metarhizium* anisopliae (14,58) registou a percentagem mínima de danos nas plantas da lagarta-do-cartucho e foi igual ao *Beauveria bassiana* (15,26) e superior aos outros tratamentos. A *B. bassiana* (15,26) estava a par da *B. bassiana+ M. anisopliae* (17,68), que estava a par da azadiractina 3000ppm (19,32). O não tratado registou a percentagem máxima de danos nas plantas

(53,14).

Os dados registados catorze dias após a pulverização revelaram que todos os tratamentos foram superiores aos não tratados na redução da percentagem de danos nas plantas da lagarta do cartucho. *O Metarhizium* anisopliae (15,26) registou a percentagem mínima de danos nas plantas da lagarta-do-cartucho e foi igual ao *Beauveria bassiana* (16,71). A *B. bassiana* (16,71) estava a par da *B. bassiana + M. anisopliae* (19,51), que estava a par da azadiractina 3000ppm (20,77). O não tratado registou a percentagem máxima de danos nas plantas (54,59).

Quadro 4.10: Eficácia dos biopesticidas contra a percentagem de danos causados pela lagarta do cartucho *Spodoptera frugiperda* no milho após a terceira pulverização

Treatment	Per cent plant damage			
	Pre-count	3 DAS	7 DAS	14 DAS
Main treatment (M)				
M₁ (Seed treatment with cyantraniliprole + thiamethoxam@ 6ml/kg)	27.88	26.26	23.94	25.22
M₂ (Granular application with carbofuran 3G @ 33kg/ha)	19.77	18.78	17.32	18.72
M₃ (without treatment)	34.78	32.63	30.72	32.17
S.Em±	0.72	0.76	0.73	0.61
C.D at 5%	2.83	2.98	2.90	2.39
Sub- treatment (T)				
T₁ (Azadirachtin 3000ppm)	24.73	22.8	19.32	20.77
T₂ (*Beauveria bassiana* 1 x 10⁹ cfu/g)	21.25	17.97	15.26	16.71
T₃ (*Metarhizium anisopliae* 1 x 10⁹ cfu/g)	19.32	17.1	14.58	15.26
T₄ (*Beauveria bassiana* + *Metarhizium anisopliae* 1 x 10⁹ cfu/g)	23.76	21.35	17.68	19.51
T₅ (Untreated)	48.31	50.24	53.14	54.59
S.Em±	0.88	0.98	0.93	1.01
C.D at 5%	2.58	2.88	2.74	2.95
Interaction (M x T)				
S.Em±	1.53	1.71	1.62	1.75
C.D at 5%	NS	NS	NS	NS
G.M.	27.48	25.89	23.99	25.57

Interação

A interação entre os tratamentos principais e os subtratamentos na observação da percentagem de danos causados às plantas pela lagarta do cartucho não foi significativa.

Os resultados das três pulverizações acima referidas revelaram que o tratamento principal, aplicação granular com carbofurão (18,72), registou a percentagem mínima de danos nas plantas de *S. frugiperda* no final das três pulverizações. Da mesma forma, o subtratamento *Metarhizium anisopliae* (15,26) apresentou o melhor resultado, com a percentagem mínima de danos nas plantas de *S. frugiperda* no final das três pulverizações, e foi igual ao subtratamento *Beauveria bassiana* (16,71).

Os resultados estão em estreita conformidade com os resultados de Ramanujam *et al.* (2020), que referiram que, nos seus resultados de campo, foram observadas baixas percentagens de infestação de plantas por FAW após 3 pulverizações de *M. anisopliae* ICAR-NBAIR Ma-35 (20,28 por cento) e *B. bassiana* ICAR-NBAIR Bb-45 (21,39 por cento) em comparação com o controlo não tratado (66,94 por cento).

Dhobi *et al.* (2020) concluíram que os tratamentos *B. bassiana* 5% WP (22,74 por cento), azadiractina 1500 ppm (23,46 por cento) e o próximo melhor foi *M. anisopliae* 1,15% WP (26,48 por cento). Todos os tratamentos foram considerados os melhores em comparação com o controlo (63,61%) na redução da percentagem de danos nas plantas causados pela lagarta do cartucho, *S. frugiperda*.

Suthar *et al.* (2020) concluíram que os insecticidas granulares foram eficazes contra a percentagem de danos causados às plantas pela lagarta do cartucho do milho. O carbofurano (17,07%) revelou-se um tratamento mais eficaz do que a testemunha (58,96%) contra os danos causados pela lagarta do cartucho do milho.

Shinde *et al.* (2021) referiram que a média da percentagem de danos nas plantas, os tratamentos com *M. anisopliae* (35%), carbofurano (45%) e *B. bassiana* (45%) foram considerados eficazes no controlo dos danos causados pela lagarta-do-cartucho, *S. frugiiperda*, em comparação com o controlo não tratado (79,33%).

4.3.7 Eficácia dos biopesticidas contra os danos causados às espigas pela lagarta do cartucho *Spodoptera frugiperda* no milho

A observação apresentada no quadro 4.11 revelou que,

No tratamento principal

A observação da percentagem de danos nas espigas provocados pela lagarta do cartucho, *S. frugiperda*, registada na altura da colheita, mostrou que o tratamento principal, a aplicação granular

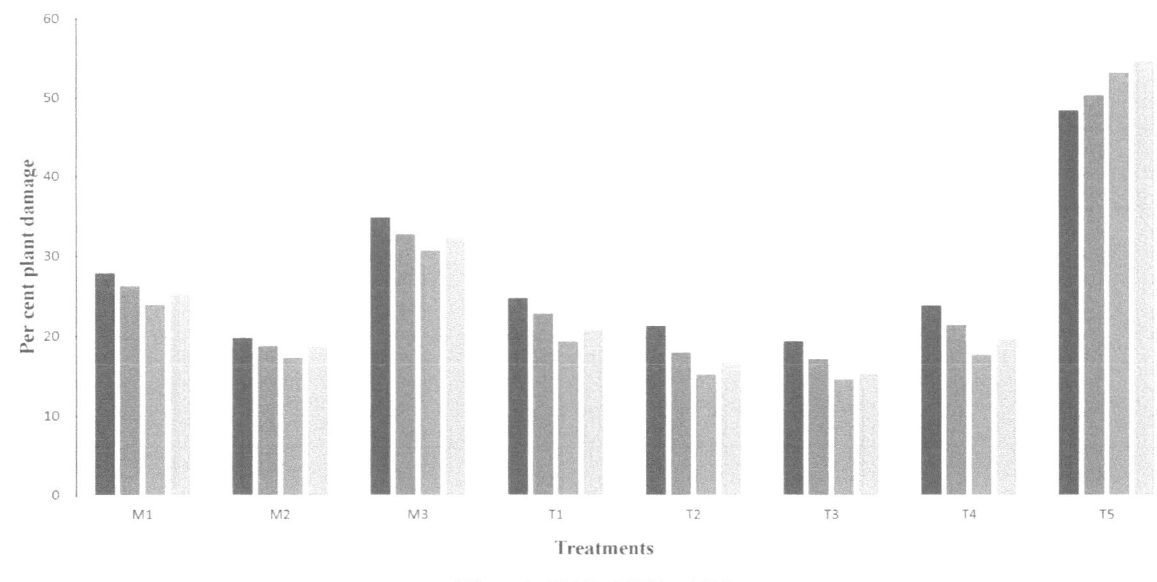

Fig. 4.8 Efficacy of biopesticides against per cent plant damage caused by fall armyworm *Spodoptera frugiperda* on maize after third spraying

O tratamento com carbofurano (24,55) foi superior aos restantes dois tratamentos principais, o tratamento de sementes com ciantraniliprole + tiametoxame e sem tratamento, com a percentagem mínima de danos em espigas da lagarta-do-cartucho. O tratamento principal, sem tratamento (35,66) registou a percentagem máxima de danos em espigas da lagarta do cartucho.

Quadro 4.11: Eficácia dos biopesticidas contra os danos causados pela lagarta do cartucho *Spodoptera frugiperda* no milho

Treatment	Percent cob damage (After harvesting)
Main treatment (M)	
M_1 (Seed treatment with cyantraniliprole+ thiamethoxam@ 6ml/kg)	29.17
M_2 (Granular application with carbofuran 3G @ 33kg/ha)	24.55
M_3 (without treatment)	35.66
S.Em±	0.883
C.D at 5%	3.467
Sub-treatment (T)	
T_1 (Azadirachtin 3000ppm)	28.19
T_2 (*Beauveria bassiana* 1 x 10^9 cfu/g)	25.43
T_3 (*Metarhizium anisopliae* 1 x 10^9 cfu/g)	24.08
T_4 (*Beauveria bassiana+ Metarhizium anisopliae* 1 x 10^9 cfu/g)	28.21
T_5 (Untreated)	43.05
S.Em±	1.161
C.D at 5%	3.388
Interaction (M x T)	
S.Em±	2.011
C.D at 5%	NS
G.M.	29.79

Em subtratamento

Os dados registados da percentagem de danos em espigas da lagarta-do-cartucho de outono, *S. frugiperda*, revelaram que o *Metarhizium* anisopliae (24,08) registou a percentagem mínima de danos em espigas da lagarta-do-cartucho de outono e foi igual ao *Beauveria bassiana* (25,43) e superior a outros tratamentos. A *B. bassiana* (25,43) estava a par da azadiractina 3000ppm (28,19) e da *B. bassiana + M. anisopliae* (28,21). O não tratado registou a percentagem máxima de danos nas espigas (43,05).

Interação

A interação entre os tratamentos principais e os subtratamentos para a observação da percentagem de danos em espigas causados pela lagarta do cartucho não foi significativa.

Os resultados são semelhantes aos resultados de Dhobi *et al.* (2020), que concluíram que os tratamentos *B. bassiana* 5% WP (28,58%), azadiractina 1500 ppm (28,58%) e *M. anisopliae* 1,15% WP (33,23%) foram os melhores em comparação com o controlo (56,70%) na redução da percentagem de danos nas espigas causados pela lagarta do cartucho, *S. frugiperda*.

Suthar *et al.* (2020) concluíram que os insecticidas granulares foram eficazes contra a percentagem de danos nas espigas causados pela lagarta do cartucho do milho. O carbofurão (21,61%) revelou-se um tratamento mais eficaz do que a testemunha (50,02%) contra os danos causados pela lagarta do cartucho do milho.

4.4 Efeito dos diferentes tratamentos no rendimento de grãos do milho

Os dados apresentados no quadro 4.12 revelam que,

No tratamento principal

Os dados relativos ao rendimento de grãos (kg/ha) dos diferentes tratamentos principais apresentaram resultados significativos. O tratamento principal, aplicação granular com carbofurão (2347,33) registou o maior rendimento de grãos, que foi superior ao rendimento dos outros dois tratamentos principais, tratamento de sementes com ciantraniliprole + tiametoxame e sem tratamento. O segundo maior rendimento de grãos foi registado no tratamento principal, tratamento de sementes com ciantraniliprole +

tiametoxame (2001,33) e o menor rendimento de grãos foi registado no tratamento principal, sem tratamento (1724,07).

Em subtratamento

Os dados de rendimento de grãos (kg/ha) dos diferentes subtratamentos mostraram resultados significativos. O subtratamento, *Metarhizium* anisopliae (2316,89) registou o maior rendimento de grãos, que foi igual ao subtratamento, *Beauveria bassiana* (2210,78) e encontrou

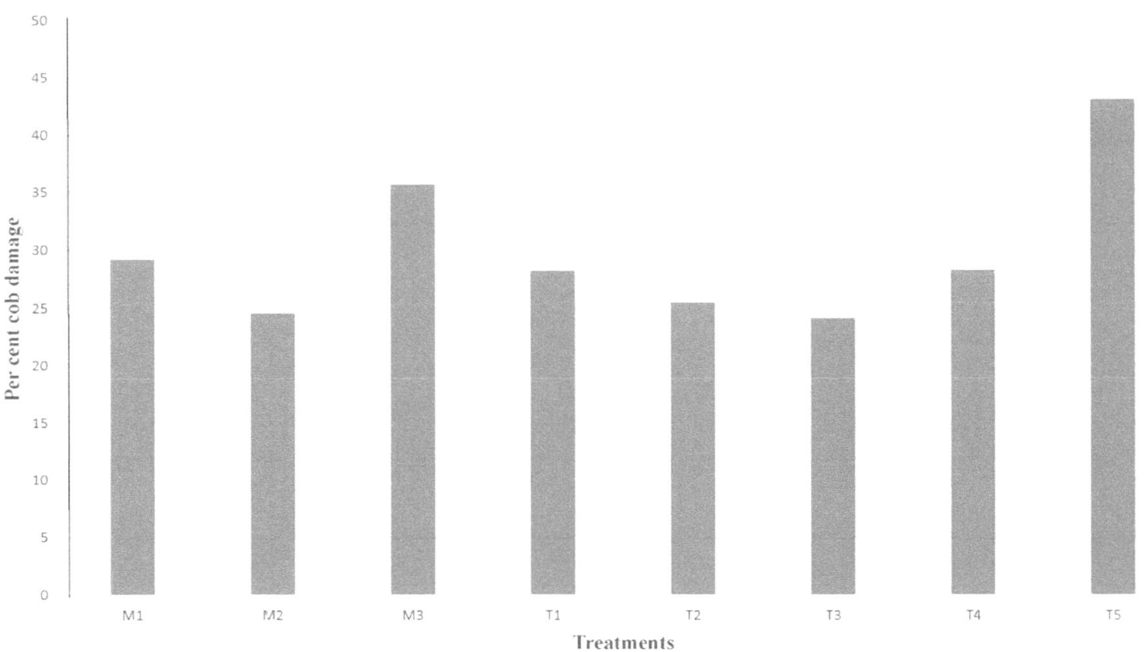

Fig. 4.9 Efficacy of biopesticides against cob damage caused by fall armyworm *Spodoptera frugiperda* on maize

superior aos outros tratamentos. Os dados de rendimento do subtratamento *Beauveria bassiana* (2210,78) foram iguais aos da azadiractina 3000ppm (2088,89), que foi igual à *Bauveria bassiana + Metarhizium anisopliae* (2008,00). O rendimento de grãos mais baixo foi registado no subtratamento, sem tratamento (1496,67).

Tabela 4.12: Efeito de diferentes tratamentos no rendimento de grãos de milho

Treatment	Yield (kg/ha)
Main treatment (M)	
M_1 (Seed treatment with cyantraniliprole+ thiamethoxam@ 6ml/kg	2001.33
M_2 (Granular application with carbofuran 3G @ 33kg/ha)	2347.33
M_3 (without treatment)	1724.07
S.Em±	60.84
C.D at 5%	238.84
Sub-treatment (T)	
T_1 (Azadirachtin 3000ppm)	2088.89
T_2 (*Beauveria bassiana* 1 x 10^9 cfu/g)	2210.78
T_3 (*Metarhizium anisopliae* 1 x 10^9 cfu/g)	2316.89
T_4 (*Beauveria bassiana+ Metarhizium anisopliae* 1 x 10^9 cfu/g)	2008.00
T_5 (Untreated)	1496.67
S.Em±	54.69
C.D at 5%	159.63
Interaction (M x T)	
S.Em±	94.72
C.D at 5%	276.49
G.M.	2024.24

Interação

O rendimento do grão de milho apresentou resultados significativos na interação entre os tratamentos principais e os subtratamentos.

O resultado do rendimento de grão (kg/ha) apresentado no quadro 4.13 revelou que o tratamento M2T3-carbofurão com *Metarhizium anisopliae* (2748) registou o maior rendimento de grão de milho e foi igual ao tratamento M2T2-carbofurão com *Beauveria bassiana*

(2631.33) que foi igual ao M2T1-carbofurão com azadiractina 3000ppm

(2427.33) e M2T4-carbofurano com *B. bassiana*+ *M. anisopliae* (2373,67). O segundo melhor tratamento foi M1T3- ciantraniliprole+ tiametoxame com *M. anisopliae*

(2282.33) e foi igual ao M1T2- ciantraniliprole + tiametoxam com *B. bassiana* (2105), M1T4- ciantraniliprole + tiametoxam com *B. bassiana* + *M. anisopliae* (2051,67) e M1T1- ciantraniliprole + tiametoxam com azadiractina 3000ppm (2032,67). Seguiram-se os tratamentos M3T3 - sem tratamento com *M. anisopliae* como subtratamento (1920,33) e foi igual ao M3T2 - sem tratamento com *B. bassiana* como subtratamento (1896) e M3T1 - sem tratamento com azadiractina 3000ppm como subtratamento (1806,67). O rendimento de grãos mais baixo foi registado no M3T5- sem tratamento (1398,67), que foi igual ao M1T5- sem tratamento com ciantraniliprole + tiametoxame como tratamento principal (1535) e M2T5- sem tratamento com carbofurano como tratamento principal (1556,33).

Quadro 4.13: Interação dos tratamentos principais com os subtratamentos no rendimento do grão

Treatments	T1	T2	T3	T4	T5	Mean
M1	2032.67	2105	2282.33	2051.67	1535	2001.33
M2	2427.33	2631.33	2748	2373.67	1556.33	2347.33
M3	1806.67	1896	1920.33	1598.67	1398.67	1721
Mean	2088.89	2210.78	2316.89	2008.00	1496.67	2024.24

Fig. 4.10 Effect of different treatments on grain yield of Maize

CAPÍTULO 5: RESUMO E CONCLUSÕES

Foram realizadas experiências para investigar a incidência sazonal, a biologia e a gestão ecológica das principais pragas de insectos do milho no Departamento de Entomologia Agrícola, Faculdade de Agricultura, Parbhani, durante o *Rabi* 2021-22. Os resultados obtidos durante o curso da investigação estão resumidos abaixo.

5.1 Resumo

5.1.1 Incidência sazonal e correlação climática dos principais insectos pragas e inimigos naturais do milho

A população de lagarta do cartucho variou entre 0-13,5 larvas por dez plantas e a primeira aparição foi registada em 1st SMW (1,5 larvas/10 plantas). Depois disso, aumentou progressivamente e atingiu o seu pico em 11th SMW (13,5 larvas/10 plantas). A população de pragas sugadoras no milho era insignificante. O primeiro aparecimento de inimigos naturais, escaravelhos coccinelídeos, foi observado em 1st SMW (0,13 larvas e adultos/planta), tendo atingido o seu pico (0,45 larvas e adultos/planta) em 11th SMW.

O estudo de correlação dos parâmetros meteorológicos com a lagarta-do-cartucho e o inimigo natural, o escaravelho coccinelídeo, mostrou uma correlação negativa significativa com a humidade relativa nocturna.

5.1.2 Biologia da lagarta do cartucho, *Spodoptera frugiperda*, no milho

A biologia da lagarta-do-cartucho, *S. frugiperda*, foi estudada em condições laboratoriais, o que revelou que a média do período de incubação foi de 2,5 ± 0,50 dias, a média do período larvar total foi de 15,53 ± 0,81 dias e a duração média das larvas de primeiro, segundo, terceiro, quarto, quinto e sexto instares foi de 2,47 ± 0,50, 2,3 ± 0,46, 2,2 ± 0,40, 2,10 ± 0,30, 2,43 ± 0,50 e 4,03 ± 0,66 dias, respetivamente. A média dos períodos de desenvolvimento pupal, adulto e total da lagarta-do-cartucho de outono foi de 8,07 ± 1,12, 10,30 ± 2,04 e 36,40 ± 2,27 dias, respetivamente. A longevidade média das fêmeas e dos machos adultos foi de 11,05 ± 1,36 e 8,90 ± 1,30 dias, respetivamente. A duração média dos períodos de pré-oviposição, oviposição e pós-oviposição foi de 3,65 ± 0,79, 5,10 ± 0,77 e 3,05 ± 0,74 dias, respetivamente. A fecundidade média da traça fêmea foi de 1098 ± 175,73 ovos por fêmea.

5.1.3 Gestão ecológica dos principais insectos pragas do milho.

Os resultados da população de larvas (número de larvas por dez plantas), por cento de danos nas plantas e por cento de danos nas espigas pela lagarta-do-cartucho no final de três pulverizações mostraram que o tratamento principal de aplicação granular com carbofurão (2,03, 18,72 e 24.55, respetivamente) registaram os danos mínimos por *S. frugiperda*, seguidos pelos tratamentos principais tratamento de sementes com ciantraniliprole + tiametoxame (2,67, 25,22 e 29,17, respetivamente) e sem tratamento (3,23, 32,17 e 35,66, respetivamente). Da mesma forma, o subtratamento *Metarhizium anisopliae* (1,51, 15,26 e 24,08, respetivamente) apresentou o melhor resultado com o mínimo de danos *a S. frugiperda,* que foi igual ao subtratamento *Beauveria bassiana* (1,64, 16,17 e 25,43, respetivamente). Os subtratamentos *Beauveria bassiana+ Metarhizium anisopliae* (2,0, 19,51 e 28,21, respetivamente) e azadiractina 3000ppm (2,07, 20,77 e 28,19, respetivamente) apareceram como os próximos melhores tratamentos. Os danos máximos causados às plantas pela lagarta-do-cartucho-do-milho foram registados nos tratamentos sem tratamento (5,98, 54,59 e 43,05, respetivamente).

5.1.4 Efeito dos biopesticidas no rendimento de grãos do milho

O rendimento de grãos (kg/ha) do milho apresentou resultados significativos. Nos tratamentos principais, a aplicação granular com carbofurano (2347,33) registou o maior rendimento de grãos e sem tratamento (1724,07) registou o menor rendimento de grãos. Nos subtratamentos, *Metarhizium* anisopliae (2316,89) registou o maior rendimento de grãos, que foi igual ao de *Beauveria bassiana* (2210,78) e o menor rendimento de grãos (1496,67) foi registado sem tratamento. Na interação dos tratamentos principais com os subtratamentos, o tratamento com carbofurão e *M. anisopliae* (2748) registou o maior rendimento de grãos de milho, a par do tratamento com carbofurão e *B. bassiana* (2631,33), e o menor rendimento de grãos (1398,67) foi registado no tratamento sem tratamento.

Tendo em conta os resultados do resumo acima, a aplicação de biopesticidas pode evitar os efeitos tóxicos causados pelos produtos químicos quando estes são consumidos como forragem.

5.2 Conclusões

Com base nos resultados e na discussão da presente investigação "Gestão ecológica dos principais insectos-praga do milho", são tiradas as seguintes conclusões,

➢ A população da lagarta do cartucho e do inimigo natural, o escaravelho coccinelídeo, atingiu o pico durante o 11th SMW durante o *Rabi* 2021-22 e a população de pragas sugadoras foi insignificante.

➢ A humidade relativa nocturna mostrou uma correlação negativa significativa com a lagarta do cartucho e o escaravelho coccinelídeo durante a *Rabi* 2021-22.

➢ O carbofurão apresentou os melhores resultados na gestão da população de pragas entre os principais tratamentos.

➢ *Metarhizium anisopliae* e *Beauveria bassiana* são os dois biopesticidas que reduziram potencialmente a população de larvas, a percentagem de danos nas plantas e a percentagem de danos nas espigas causados pela lagarta do cartucho e aumentaram consideravelmente o rendimento de grãos do milho em comparação com o milho não tratado.

➢ Foi observado o inimigo natural, o escaravelho das aves.

➢ Assim, os biopesticidas podem ser utilizados para gerir as principais pragas de insectos do milho. Os biopesticidas podem ser a melhor opção alternativa aos insecticidas químicos para uma gestão ecológica.

LITERATURA CITADA

Afandhi, A., Fernando, I., Widjayanti, T., Maulidi, A. K., Radifan, H.I. & Setiawan, Y. (2022). Impacto da invasão da lagarta-do-cartucho de outono, *Spodoptera frugiperda* (JE Smith) (Lepidoptera: Noctuidae), no milho e na *Spodoptera litura* (Fabricius) nativa em Java Oriental, Indonésia, e avaliação da virulência de alguns isolados de fungos entomopatogênicos indígenas para controlar a praga. *Egyptian Journal of Biological Pest Control.* 32(1), 1-8.

Ahir, K.C., Mahla, M.K., Sharma, K., Babu, S.R. & Kumar, A. (2021). Bioeficácia de inseticidas contra a lagarta do exército de outono. *O Jornal Indiano de Ciências Agrícolas.* 91(12): 1796-1800.

Ahir, K.C., Mahla, M.K., Swaminathan, R. & Dangi, N.L. (2020). Biologia da lagarta do exército de outono, *Spodoptera frugiperda* (JE Smith) no milho (*Zea mays* L.). *Jornal de Investigação Entomológica.* 44(3), 429-432.

Akoijam, R., Ningombam, A., Beemrote, A., Shashank, P.R. & Ansari, M. A. (2022). Deteção de *Spodopterafrugiperda* (JE Smith) e sua biologia nas condições de Manipur. *Journal of Entomological Research.* 46(1), 195198.

Akot, B. M. B. (2020). Eficácia dos preparadores de sementes e resistência das variedades de sorgo na gestão da lagarta do cartucho (Dissertação de doutoramento, Universidade de Nairobi).

Akutse, K.S., Khamis, F.M., Ambele, F.C., Kimemia, J.W., Ekesi, S. & Subramanian, S. (2020). Combinando fungos patogênicos de insetos e uma armadilha de feromônio para o manejo sustentável da lagarta do exército de outono, *Spodoptera frugiperda* (Lepidoptera: Noctuidae). *Journal of Invertebrate Pathology.* 177, 107477.

Akutse, K.S., Kimemia, J.W., Ekesi, S., Khamis, F.M., Ombura, O.L. & Subramanian, S. (2019). Efeitos ovicidas de isolados de fungos entomopatogénicos na lagarta invasora *Spodoptera frugiperda* (Lepidoptera: Noctuidae). *Journal of Applied Entomology.* 143(6), 626-634.

Anandhi, S., Saminathan, V.R., Yasodha, P., Roseleen, S.S.J., Sharavanan, P.T. & Rajanbabu, V. (2020). Correlação da lagarta do cartucho *Spodoptera frugiperda*

(JE Smith) com parâmetros climáticos no ecossistema do milho. *Revista Internacional de Microbiologia Atual e Ciências Aplicadas.* 9(8), 1213-1218.

Anandhi, S., Saminathan, V.R., Yasodha, P., Sharavanan, P.T. & Rajanbabu, V. (2020). Dinâmica sazonal e distribuição espacial da lagarta do cartucho *Spodoptera frugiperda* (JE Smith) no milho (*Zea mays* L.) na Zona do Delta de Cauvery. *Journal of Pharmacognosy and Phytochemistry.* 9(4), 978-982.

Anónimo, (2021) Agricultural Statistics at a glance, Direção de Economia e Estatística, Ministério da Agricultura e do Bem-Estar dos Agricultores, Departamento de Agricultura e do Bem-Estar dos Agricultores, Governo da Índia. (www.agricoop.nic.in & https://desagri.gov.in).

Anónimo, (2020) Alimentação e Agricultura, base de dados estatísticos. https://www.fao.org/faostat/en/#data.

Ashok, K., Kennedy, J.S., Geethalakshmi, V., Jeyakumar, P., Sathiah, N. & Balasubramani, V. (2020). Estudo do horário de vida do verme do exército de outono *Spodoptera frugiperda* (JE Smith) no milho. *Jornal Indiano de Entomologia.* 82(3), 574579.

Babu, R.S., Kalyan, R.K., Joshi, S., Balai, C.M., Mahla, M.K. & Rokadia, P. (2019). Relatório de uma praga invasora exótica, a lagarta do exército de outono, *S. frugiperda* (J.E. Smith) no milho no sul do Rajastão. *Jornal de Estudos de Entomologia e Zoologia.* 7(3), 1296-1300.

Bell, J.C. & McGeoch, M.A. (1996). Uma avaliação da situação das pragas e da investigação conduzida sobre Lepidoptera fitófagos em plantas cultivadas na África do Sul. *African entomology.* 4(2), 161-170.

Bhat, Z.H. & Baba, Z.A. (2007). Eficácia de diferentes insecticidas contra a broca do caule do milho *Chilo partellus* (Swinhoe) e o pulgão do milho *Rhopalosiphum maidis* (fitch) que infestam o milho. *Pakistan Entomological.* 12, 57-61.

Bhavani, B., Chandra Sekhar, V., Kishore Varma, P., Bharatha Lakshmi, M., Jamuna, P. & Swapna, B. (2019). Identificação morfológica e molecular de uma praga de inseto invasor, queda do verme do exército, *Spodoptera frugiperda* ocorrendo na cana-de-açúcar em Andhra Pradesh, Índia. *Jornal de Estudos de Entomologia e*

Zoologia. 7(4), 12-18.

Darshan, R. & Prasanna, P. (2022). Incidência sazonal da lagarta do cartucho *Spodoptera frugiperda* no milho. *Indian Journal of Entomology.* 431.

de Albuquerque, F.A., Borges, L.M., Lacono, T.O., Crubelati, N.D. & Singer, A.D.C. (2006). Eficiência de inseticidas aplicados em tratamento de sementes e pulverização, no controle de pragas iniciais do milho. *RevistaBrasileira deMilho e Sorgo (Brasil).* 5(1), 15-25.

Deole, S. & Paul, N. (2018). Primeiro relatório de queda do verme do exército, *Spodoptera frugiperda* (JE Smith), sua natureza de danos e biologia na cultura do milho em Raipur, Chhattisgarh. *Journal of Entomology and Zoology Studies.* 6(6), 219-221.

Dhar, T., Bhattacharya, S., Chatterjee, H., Senapati, S.K., Bhattacharya, P.M., Poddar, P., Ashika, T. & Venkatesan, T. (2019). Ocorrência de lagarta do exército *Spodoptera frugiperda* (JE Smith) (Lepidoptera: Noctuidae) no milho em Bengala Ocidental, Índia e seus estudos de tabela de vida no campo. *Journal of Entomology and Zoology Studies.* 7(4), 869-875.

Dhobi, C.B., Zala. M.B., Verma, H.S., Sisodiya, D.B., Thumar, R.K., Patel, M.B., Patel, J.K. & Borad, P.K. (2020). Avaliação de biopesticidas contra o verme do exército de queda, *Spodoptera frugiperda* (J.E. Smith) no milho. *Jornal Internacional de Microbiologia Atual e Ciências Aplicadas.* 9(8), 1150-1160.

Dobariya, U. R. & Sisodiya, D. B. (2022). Avaliação de inseticidas como tratamento de sementes contra a lagarta do cartucho, *Spodoptera frugiperda* (JE Smith) que infesta o milho forrageiro, *Zea mays* L.

Ganiger, P.C., Yeshwanth, H.M., Muralimohan, K., Vinay, N., Kumar, A.R.V. & Chandrashekara, K. (2018). Ocorrência da nova praga invasora, lagarta do exército de outono, *Spodoptera frugiperda* (J.E. Smith) (Lepidoptera: Noctuidae), nos campos de milho de Karnataka, Índia. *Current Science.* 115(4), 621-623.

Gopalakrishnan, R. & Kalia, V. K. (2022). Biologia e características biométricas de *Spodoptera frugiperda* (Lepidoptera: Noctuidae) cultivada em diferentes plantas hospedeiras no que diz respeito a diferentes plantas hospedeiras no que diz respeito à dieta. *Pest Management Science.* 78(5), 2043-2051.

Herlinda, S., Gustianingtyas, M., Suwandi, S., Suharjo, R., Sari, J.M.P. & Lestari, R.P. (2021). Fungos endofíticos confirmados como entomopatógenos da nova praga invasora, a lagarta do exército de outono, *Spodoptera frugiperda* (JE Smith) (Lepidoptera: Noctuidae), infestando milho no sul de Sumatra, Indonésia. *Egyptian Journal of BiologicalPest Control.* 31(1), 1-13.

Herlinda, S., Noni, O.C.T.A.R.I.A.T.I., Suwandi, S. & Hasbi, H. (2020). Explorando fungos entomopatogênicos do solo de Sumatra do Sul (Indonésia) e sua patogenicidade contra uma nova praga invasora do milho, *Spodoptera frugiperda. Biodiversitas Journal of Biological Diversity.* 21(7).

Hernandez-Trejo, A., Estrada-Drouaillet, B., López-Santillán, J.A., Rios-Velasco, C., Rodríguez-Herrera, R. & Osorio-Hernández, E. (2019). Efeitos de cepas de fungos entomopatogênicos nativos e extrato de nim em *Spodoptera frugiperda* no milho. *Entomologista do sudoeste.* 44(1), 117-124.

Hernandez-Trejo, A., Estrada-Drouaillet, B., López-Santillán, J.A., Rios-Velasco, C., Varela-Fuentes, S.E., Rodríguez-Herrera, R. & Osorio-Hernández, E. (2019). Avaliação in vitro de fungos entomopatogênicos nativos e extratos de nim *(Azadiractha indica)* em *Spodoptera frugiperda. Phyton.* 88(1), 47.

Hong, S., Titayavan, M., Intanon, S. & Thepkusol, P. (2022). Biologia e parâmetros da tabela de vida da lagarta do exército de outono, *Spodoptera frugiperda* em três cultivares de milho cultivadas na Tailândia. *CMU J. Nat. Sci.* 21(1), e2022001.

Idrees, A., Qadir, Z.A., Akutse, K.S., Afzal, A., Hussain, M., Islam, W., Waqas, M.S., Bamisile, B.S. & Li, J. (2021). Eficácia de fungos entomopatogênicos em estágios imaturos e desempenho alimentar de larvas de Armyworm de outono, *Spodoptera frugiperda* (Lepidoptera: Noctuidae). *Insectos.* 12(11), 1044.

Jaiswal, S., Raj, S., Bhagat, P.K. & Painkra, G.P. (2022). Complexo de pragas e extensão dos danos causados pelo verme do exército de outono *(Spodoptera frugiperda)* no milho. *The Pharma Innovation Journal.* 11(5), 309-312.

Janwa, B.L., Swami, H., Ahir, K.C. & Mordia, A. (2021). Biologia da lagarta do exército de outono, *Spodoptera frugiperda* (JE Smith) no sorgo. *Jornal de Pesquisa Entomológica.* 45(2), 307-310.

Kalleshwaraswamy, C.M., Maruthi, M.S. & Pavithra, H.B. (2018). Biologia da lagarta do exército invasora *Spodoptera frugiperda* (JE Smith) (Lepidoptera: Noctuidae) no milho. *Jornal Indiano de Entomologia.* 80(3), 540-543.

Kalyan, D., Mahla, M.K., Babu, S.R., Kalyan, R.K. & Swathi, P. (2020). Parâmetros biológicos de *Spodoptera frugiperda* (JE Smith) em condições de laboratório. *Jornal Internacional de Microbiologia Atual e Ciências Aplicadas.* 9(5), 2972-2979.

Kranti, P., Devi, R.S. & Rajanikanth, P. (2021). Biologia do verme do exército de outono, *Spodoptera frugiperda* (JE Smith) (Lepidoptera: Noctuidae) na cana-de-açúcar. *Ambiente e Ecologia.* 39(2), 442-446.

Kumar, N.V., Yasodha, P. & Justin, C.G.L. (2020). Incidência sazonal da lagarta do cartucho do milho *Spodoptera frugiperda* (JE Smith) (Noctuidae; Lepidoptera) no distrito de Perambalur de Tamil Nadu, Índia. *Journal of Entomology and Zoology Studies.* 8(3), 1-4.

Kumar, P., Singh, R., Suby, S.B., Kaur, J., Sekhar, J.C. & Soujanya, P.L. (2018). Uma visão geral da avaliação de perdas de culturas no milho. *Maize Journal.* 7, 56-63.

Kumar, R. & Alam, T. (2017). Bioeficácia de alguns insecticidas mais recentes contra a broca do caule do milho, *Chilo partellus* (Swinhoe). *Jornal de Estudos de Entomologia e Zoologia.* 5(6), 1347-1351.

Kuzhuppillymyal-Prabhakarankutty, L., Ferrara-Rivero, F.H., Tamez-Guerra, P., Gomez-Flores, R., Rodríguez-Padilla, M.C. & Ek-Ramos, M.J. (2021). Efeito do tratamento de *sementes de Beauveria bassiana* na resposta de *Zea mays* L. contra *Spodoptera frugiperda. Ciências Aplicadas.* 11(7), 2887.

Maduka, M.J. (2019). *Efeitos dos biopesticidas nos parâmetros demográficos da lagarta-do-cartucho Spodoptera frugiperda JE Smith (lepidoptera: noctuidae) em Morogoro Tanzânia* (dissertação de doutoramento). Universidade Sokoine de Agricultura.

Mahankuda, B. & Bhatt, B. (2019). Potencialidades do fungo entomopatogénico *Beauveria bassiana* como agente de biocontrolo: A Review. *Journal of Entomology and Zoology Studies.* 7(5), 870-874.

Meena, Chhangani, G., Kumar, A. & Swaminathan, R. (2019). Incidência da lagarta do exército de outono *S. frugiperda* (J.E. Smith) em Udaipur no milho. *Revista Internacional de Entomologia.* 81(2), 251-254.

Montecalvo, M.P. & Navasero, M.M. (2021). Virulência comparativa de *Beauveria bassiana* (Bals.) Vuill. e *Metarhizium anisopliae* (Metchnikoff) Sorokin para *Spodoptera frugiperda* (JE Smith) (Lepidoptera: Noctuidae). *J Int Soc Southeast Asian Agric Sci.* 27(1), 15-26.

Montecalvo, M.P. & Navasero, M.M. (2021). *Metarhizium (= Nomuraea) rileyi* (Farlow) Samson de *Spodoptera exigua* (Hübner) cross infecta o verme do exército de outono, *Spodoptera frugiperda* (JE Smith) (Lepidoptera: Noctuidae) Larvas. *Philippine Journal of Science.* 150(1), 193-9.

Montezano, D.G., Specht, A., Sosa-Gomez, D.R., Roque-Specht, V.F., de Paula-Moraes, S.V., Peterson, J.A. & Hunt, T.E. (2019). Parâmetros de desenvolvimento de estágios imaturos de *Spodoptera frugiperda* (Lepidoptera: Noctuidae) em condições controladas e padronizadas. *Jornal de Ciências Agrárias.* 11(8).

Nagoshi, R.N. & Meagher, R.L. (2004). Distribuição sazonal de estirpes de hospedeiros da lagarta do cartucho (Lepidoptera: Noctuidae) em habitats agrícolas e de relva. *Environmental Entomology.* 33(4), 881-889.

Ngangambe, M.H. (2019). *Estudos sobre o controlo biológico da lagarta do cartucho, Spodoptera frugiperda (je smith) que ataca o milho na região central oriental da Tanzânia* (dissertação de doutoramento). Universidade de Agricultura de Sokoine.

Painkra, G.P., Bhagat, P.K., Painkra, K.L., Gupta, S.P., Sinha, S.K., Thakur, D.K. & Lakra, A. (2019). Uma pesquisa sobre a lagarta do exército de outono, *Spodoptera frugiperda* (Lepidoptera: Noctuidae, JE Smith) na cultura do milho na zona montanhosa do norte de Chhattisgarh. *Journal of Entomology and Zoology Studies.* 7(6), 632-636.

Panwar, V.P.S. (2005). Management of maize stalk borer, *Chilopartellus* (Swinhoe) in maize. *Stresses on Maize in the Tropics" (PH Zaidi, NN Singh, eds.). Dirtectorate of Maize Research, Nova Deli.* 376-395.

Paul, N. & Deole, S. (2020). Incidência sazonal de lagarta do exército de outono, *Spodoptera frugiperda* (Lepidoptera: Noctuidae, J. E. Smith) infestando a cultura do milho em Raipur (Chattisgarh). *Revista Internacional de Estudos Químicos.* 8(3), 26442646.

Rajisha, P.S., Muthukrishnan, N., Nelson, S.J., Jerlin, R., Marimuthu, P. & Karthikeyan, R. (2022). Biologia e índices nutricionais da lagarta do cartucho *Spodoptera frugiperda* (JE Smith) no milho. *A Sociedade Entomológica da Índia.* 84(1), 92-96.

Ramanujam, B., Poornesha, B. & Shylesha, A.N. (2020). Efeito de fungos entomopatogênicos contra a praga invasora *Spodoptera frugiperda* (JE Smith) (Lepidoptera: Noctuidae) no milho. *Egyptian Journal of Biological Pest Control.* 30(1), 1-5.

Ramos, Y., Taibo, A.D., Jiménez, J.A. & Portal, O. (2020). Estabelecimento endofítico de *Beauveria bassiana* e *Metarhizium anisopliae* em plantas de milho e seu efeito contra larvas de *Spodoptera frugiperda* (JE Smith) (Lepidoptera: Noctuidae). *Egyptian Journal of Biological Pest Control.* 30(1), 1-6.

Ramzan, M., Ilahi, H., Adnan, M., Ullah, A. & Ullah, A. (2021). Observação da lagarta do exército de outono, *Spodoptera frugiperda* (Lepidoptera: Noctuidae) no milho em condições de laboratório. *Jornal Académico Egípcio de Ciências Biológicas. A Entomology.* 14(1), 99-104.

Reddy, K.J.M., Kumari, K., Saha, T. & Singh, S.N. (2020). Primeiro registo, incidência sazonal e ciclo de vida da lagarta do cartucho, *Spodoptera frugiperda* (JE Smith) no milho em Sabour, Bhagalpur, Bihar. *Journal of Entomology and Zoology Studies.* 8(5), 1631-1635.

Reddy, N.A., Saindane, Y.S., Chaudhari, C.S. & Landage, S.A. (2021). Biologia da lagarta do cartucho *Spodoptera frugiperda* (JE Smith) no milho em condições de laboratório. *The Pharma Innovation Journal.* 10(9), 1997-2001.

Rivero-Borja, M., Guzmán-Franco, A.W., Rodriguez-Leyva, E., Santillán-Ortega, C. & Pérez-Panduro, A. (2018). Interação de *Beauveria bassiana* e *Metarhizium anisopliae* com clorpirifós etil e espinosade em larvas *de Spodoptera frugiperda*. *PestManagement Science*. 74(9), 2047-2052.

Russo, M.L., Jaber, L.R., Scorsetti, A.C., Vianna, F., Cabello, M.N. & Pelizza, S.A. (2021). Efeito de fungos entomopatogênicos introduzidos como endófitos de milho no desenvolvimento, reprodução e preferência alimentar da lagarta invasora *Spodoptera frugiperda*. *Journal of Pest Science*. 94(3), 859-870.

Sarma, A.K., Goswami, H., Kalita, J., Sarma, P.K. & Barthakur, L. (2022). Ocorrência de verme do exército de outono *Spodoptera frugiperda* (JE Smith) em Assam. *Jornal Indiano de Entomologia*. 1-4.

Sharanabasappa, Kalleshwaraswamy, C.M., Ashokan, R., Mahadeva Swamy, H.M., Maruthi, M.S., Pavithra, H.B., Kavitha, H., Shivaray Navi, Prabhu, S.T. & Goergen, G. (2018). Primeiro relatório da lagarta do exército de outono, *Spodoptera frugiperda* (Smith) (Lepidoptera: Noctuidae), uma praga invasora alienígena no milho na Índia. *PestManagement in Horticultural Ecosystems*. 24(1), 23-29.

Sharma, H.C., Sullivan, D.J. & Bhatnagar, V.S. (2002). Dinâmica populacional e factores de mortalidade natural da lagarta do exército oriental, *Mythimna separata* (Lepidoptera: Noctuidae), no centro-sul da Índia. *Crop Protection*. 21(9), 721-732.

Sharma, P.N., Thapa, R.B., Gautam, P. & Giri, Y.P. (2010). Avaliação da severidade da broca do caule *(Chilopartellus* Swinhoe) no milho de verão, inverno e primavera. In *26th Workshop Nacional de Investigação de Culturas de verão realizado no Programa Nacional de Investigação do Milho, Rampur, Chitwan, Nepal.*

Sharma, S., Bhandari, G.S., Neupane, S., Pathak, A. & Tiwari, S. (2018). Gestão bio-racional do verme do exército *(Mythimna separata)* (Lepidoptera: Noctuidae) na condição de Chitwan do Nepal. *Jornal do Instituto de Agricultura e Ciência Animal*. 35(1),143-150.

Shinde, G.S., Bhede, B.V. & Rathod, V.U. (2021). Avaliação de diferentes aplicações de whorl para o manejo da lagarta do exército de outono, *Spodoptera frugiperda* (JE Smith) no milho. *Jornal de Estudos de Entomologia e Zoologia.* 9(1), 394-398.

Siddhapara, M.R., Patel, K.M. & Patel, A.G. (2021). Biologia e morfometrias da lagarta do exército de outono *Spodoptera frugiperda* (JE Smith) no milho. *A Sociedade Entomológica da Índia.* 83(4), 627-629.

Songa, J.M., Mugo, S., Mulaa, M., Taraeha, C., Bergvinson, D., Hoisington, D. & De Groote, H. (2002, junho). Towards development of environmentally safe insect resistant maize varieties for food security in Kenya. *No simpósio sobre: Perspectives on the Evolving Role of Private/Public Collaborations in Agricultural Research organizado pela Syngenta Foundation for Sustainable Agriculture, Washington, DC, EUA.*

Suby, S.B., Soujanya, P.L., Yadava, P., Patil, J., Subaharan, K., Prasad, G.S., Babu, K.S., Jat, S.L., Yathish, K.R., Vadassery, J., Kalia, V.K., Bakthavatsalam, N., Shekar, J.C. & Rakshit, S. (2020). Invasão da lagarta do cartucho *(Spodoptera frugiperda}* na Índia: natureza, distribuição, gestão e impacto potencial. *Current Science.* 119, No. 1.

Suganthi, A., Krishnamoorthy, S.V., Sathiah, N., Rabindra, R.J., Muthukrishnan, N., Jeyarani, S., Karthik, P., Selvi, C., Kumar, G.A., Srinivasan, T., Harishankar, K., Bhuvaneswari, K., Vinothkumar, B., Shanmugam, P., Bhaskaran, V. & Prabakar, K. (2022). Bioeficácia, toxicidade persistente e persistência de resíduos translocados de inseticidas de tratamento de sementes em milho contra a lagarta do cartucho, *Spodoptera frugiperda* (JE Smith, 1797). *Crop Protection.* 154, 105892.

Sunitha, V.L., S., Swathi, M., Madhumathi, T., Anil Kumar, P. & H Chiranjeevi, C. (2021). Dinâmica populacional do verme do exército de outono, *Spodoptera frugiperda* (JE Smith) no sorgo. *Revista Internacional de Meio Ambiente e Mudanças Climáticas.* 11 (11), 222-229.

Suthar, M., Zala, M.B, Varma, H.S., Lunagariya, M., Patel, M.B., Patel, B.N. & Borad, P.K. (2020). Bioeficácia de inseticidas granulares contra a lagarta do cartucho,

Spodoptera frugiperda (J.E. Smith) no milho. *Revista Internacional de Estudos Químicos*. 8(4), 174-179.

Tiwari, S. & Deole, S. (2021). Estudos sobre o ciclo de vida da lagarta do exército de outono, *Spodoptera frugiperda* (JE Smith) no milho em Raipur, Chhattisgarh. *The Pharma Innovation Journal*. 10(2), 643-646.

Ullah, S., Raza, A.B.M., Alkafafy, M., Sayed, S., Hamid, M.I., Majeed, M.Z., Riaz, M.A., Gaber, N.M. & Asim, M. (2022). Isolamento, identificação e virulência de estirpes de fungos entomopatogénicos indígenas contra o pulgão do pêssego e da batata, *Myzus persicae* Sulzer (Hemiptera: Aphididae), e a lagarta do cartucho, *Spodoptera frugiperda* (JE Smith) (Lepidoptera: Noctuidae). *Egyptian Journal of Biological Pest Control*. 32(1), 1-11.

Varshney, R., Poornesha, B., Raghavendra, A., Lalitha, Y., Apoorva, V., Ramanujam, B., Rangeshwaran, R., Subaharan, K., Shylesha, A.N., Bakthavatsalam, N., Chaudhary, M. & Pandit, V. (2021). Gestão baseada em biocontrole da lagarta do exército de outono, *Spodoptera frugiperda* (JE Smith) (Lepidoptera: Noctuidae) no milho indiano. *Journal of Plant Diseases and Protection*. 128(1), 87-95.

Warkad, T.P., Bhede, B.V. & Shinde, G.S. (2021). Variações sazonais na lagarta do exército de outono *Spodoptera frugiperda* e seus inimigos naturais no milho. *Jornal de Pesquisa Entomológica*. 45(4), 702-706.

Wayal, A., Undirwade, D., Jawanjal, K. & Chopade, G. (2021). Gestão biorracional de *Spodoptera frugiperda* (JE Smith) no milho. *Jornal Indiano de Entomologia*.

APPENDIX

Weather Data of Parbhani (*Rabi* 2021-22)

Month	SMW	Humidity (%)		Temperature (°C)		RF (mm)	WV (kmph)	Evaporation (mm)	BSH
		Morning	Evening	Max.	Min.				
December	52	88	44	28.9	13.6	0	3	3.1	4.9
January	1	89	39	28.6	13	0	2.5	3	6.3
	2	87	55	27.1	15.9	0	4.6	3	4.1
	3	92	44	26.7	11.8	0	2.8	2.9	5.9
	4	78	34	26.8	9.9	0	4.2	4.5	7.6
february	5	83	19	30	8	0	2.8	4.8	9.6
	6	75	28	30.4	11.8	0	3.5	5.1	8.3
	7	72	25	31.1	14.4	0	3.7	5.7	8
	8	74	20	34	14.6	0	3.2	6.2	8.9
March	9	62	16	34.9	16.4	0	2.9	6.6	8.6
	10	62	21	34.3	17.5	0	3.6	7.1	6.9
	11	56	10	37.4	16.3	0	3.6	8.9	8.4
	12	43	13	39.3	20.6	0	3.4	9	6.5
April	13	48	8	40.4	18.6	0	3.5	9	8.2
	14	48	10	41.4	21.6	0	2.9	10.1	8.9
	15	38	16	40.2	24.2	0	2.7	8.5	6.5
	16	46	12	41.3	22.3	0	4.1	12	9.5
	17	46	12	41.1	24	1.5	4.3	11	9.5
May	18	42	13	42.6	24.7	0	4.7	12.5	10

APÊNDICE

I want morebooks!

Buy your books fast and straightforward online - at one of world's fastest growing online book stores! Environmentally sound due to Print-on-Demand technologies.

Buy your books online at
www.morebooks.shop

Compre os seus livros mais rápido e diretamente na internet, em uma das livrarias on-line com o maior crescimento no mundo! Produção que protege o meio ambiente através das tecnologias de impressão sob demanda.

Compre os seus livros on-line em
www.morebooks.shop

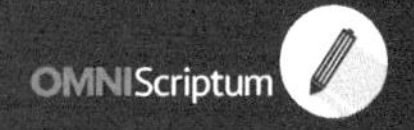

Printed by Books on Demand GmbH, Norderstedt / Germany